吉祥寺に生まれたメーカーKnotの軌跡

つなぐ時計

金田信一郎

新潮社

つなぐ時計　吉祥寺に生まれたメーカーKnotの軌跡　目次

装幀　佐藤亜沙美（サトウサンカイ）

つなぐ時計　吉祥寺に生まれたメーカー Knot の軌跡

プロローグ　吉祥寺 2013

13:45　吉祥寺駅公園口

駅の南改札を出て、エスカレーターで地上に降りていくと、一一月の太陽がビルの谷間から差し込んでくる。駅前の細い道は多くの人が行き交い、その人波をかきわけるようにバスが次々と通り抜けていく。

——これほど混み合う街だっただろうか。

遠藤弘満は遠い記憶を辿る。高校時代、仲間たちとの集合場所は決まって吉祥寺だった。何をするでもなく、毎日のように集まっていた。遠藤は中学までサッカーで鳴らしたが、強豪校への推薦を交通事故でふいにして、失意に暮れていた時期でもあった。後遺症はなかったが、スポーツの道は諦《あきら》めた。だから、小柄ながら頑強な体を持て余していたのかもしれない。いつも駅の階段に座って、仲間が揃うのを待っていた。

あの頃は、よくこの街を、あてもなく歩き回っていた。

それからというもの、吉祥寺に来た記憶はない。およそ二〇年ぶりということになるのだろうか。

井ノ頭通りに抜ける細い道は、さらに人の密度が高くなり、ラッシュ時の駅ホームのように、すれ違うことすら容易でない。その先にある井ノ頭通りを渡る信号が赤に変わると、人が詰まって身動きがとれなくなった。目の前を、クルマとバスが連《つら》なるように通り過ぎていく。

車道も歩道も、これほどごった返《がえ》すとは、かつての都市設計者は、予想だにしなかっただろう。

それにしても、懐かしい風景だ。

「ねえ、たまには外に出ないと、体に悪いよ」

会社を追われてから一カ月、行く場所もなく八王子の自宅で過ごしていた。妻は思ったことをはっきり言うタイプで、無職になった夫にも余計な気遣《きづか》いなどはしない。よく晴れたこの日、リビングが光に包まれる中、妻が誘い出してくれなかったら、吉祥寺に来ることはなかっただろう。

信号が青になる。人の波は一斉に動き出し、丸井の脇を入って、井の頭公園に向かっていく。幅わずか五メートルほどの道は、休日ということもあって、雑多な人たちが交錯する。学生から老夫婦、アベック、子供連れ、犬を散歩させる女性……。

道の左右には、小さな雑貨屋や古着屋、そしてカフェやパブ、レストランが所狭しと並んでいる。各店が、思い思いの品を集め、独特の料理を創作し、個性的な空間を作っている。

店先を覗《のぞ》き、見たことのない品々に引かれて、足を止める。それぞれの店が、違った魅力と雰囲気を漂わせている。こうした店を営む人々が優れた存在に思え、ある種の敗北感を覚えてしまう。何事にも負けたくない。勝負にこだわる性格だけに焦燥《しょうそう》に駆られる。

先月までは、まったく逆だった。勝者の余裕があった。

世界のブランド時計の独占販売権を次々と獲得し、都心にあるオフィスの社長室で、多くの部下を動かしていた。新宿や表参道に店舗を展開し、ショーケースに海外の時計を陳列していった。

だから、郊外で露店のような店を構えることに、何の感情も抱かなかった。いや、そもそも、こうした店を見に来る余裕すらなかった。年商一〇億円のブランドを、いかに二〇億円まで引き上げるか――そのことで頭が一杯だった。

だが、育てたブランドは一瞬にして奪われてしまう。

会社の売り上げの七割を占めていた主力の時計ブランドが、世界的な買収劇によって、販売権ごと巨大企業に吸収されてしまった。カネにあかせた強奪に、怒りと憔燥《しょうそう》が襲ってきた。自分が時間をかけて、日本市場にブランドを浸透させてきたというのに……。

だが、こうして吉祥寺を歩いていると、ふと我に返る。

そもそも、あのブランドは自分が作り出したものではない。遠い異国のブランドに、心底、惚《ほ》れ込んでいただろうか。それより、ビジネスとして「儲けにつながる」と判断して、売り込みの戦略を打ってきた。それは、巨大企業の論理と変わらなかったのかもしれない。

14:10　井の頭公園

店先を覗《のぞ》きながら歩くうちに、商店街はやがて終わり、ゆるやかな下り階段になっていく。その先に、井の頭公園の緑が広がる。木の下にベンチが並び、昔ながらの小さな商店、そして池の水面《みなも》が見える。

街中《まちなか》の店は移り変わっても、公園の風景は昔のまま時間が止まっている。学生時代、通い詰めた時のままに。

これまで、海外を飛び回っていた二〇年近くの間、吉祥寺は通り過ぎるだけの街になっていた。八王子から中央線で都心に向かう途中、つり革につかまりながら見える公園の風景は、ビル群の奥に顔を出す緑の一角だけだった。

ここは、取るに足らない街になっていた。

初めての海外出張でニューヨークの摩天楼を眼下に見た。それは、煌《きら》めくような国際ビジネスの中心地であり、自分もその一角に食い込むことを誓った。その瞬間、生まれ育った武蔵野は視界から外れた。

その後、世界の逸品を輸入し、日本でヒットさせていく。モノオタクだったこともあって、製品の知識が積み上がっていき、売り方にも磨きがかかっていった。そして、いつしか輸入時計の世界にその名が知れ渡るようになった。

三〇代で都心のオフィスビルに社長室を構え、部下数十人を動かしていた時、このまま上昇気流に乗り続けるものだと思っていた。

だが、オーナーの一声で、すべては水泡《すいほう》に帰《き》す。

社長、解任。

今でも、その悪夢にうなされる。

信頼していたオーナーに裏切られた。その瞬間、二〇年近く積み上げて来たものが崩れ落ちた。

「社長　遠藤弘満」の人生は、ゼロに戻ってしまった。

いや、絶頂からの落下だけに、ゼロですらない。水面下の奥深くまで沈み込んでいる。

そして今、浮上する光すら見えてこない。

14:25　七井橋

井の頭池の真ん中にかかる七井橋で、遠藤は妻と並んで、手すりにもたれかかって、ボートを漕《こ》ぐ人々をぼんやりと眺めた。

この場所も昔と変わらない。それは、武蔵野の原風景とも言える。林の中に水が湧き出て、流れていく。かつて江戸の喉を潤した神田川の水源は、ここ井の頭池だった。雑木林の向こうには玉川上水も流れる。吉祥寺には、関東を代表する豊潤な水と自然がある。

ここに人が集まるのは、歴史的な必然なのかもしれない。

思い出したように、妻が切り出す。

「ねえ、いつまでこうやってブラブラしているの」

それは自分でも分からない。遠藤は妻を振り向くこともなく、遠くを見つめる。

「まあ、考えていることはあるんだ」

妻には、新しい事業の構想を、断片的に話すことがある。社長時代は、一年の半分は海外を飛び回って家をあけていた。だが、仕事がなくなった今は、専業主婦の妻と自宅で過ごす時間が長くなった。

「例の日本で時計を作る話？　でも、今のところは犬の散歩ばっかりだね」

——まだ、社長を解任されたのは先月のことじゃないか。生活の不安は分かるが、こっちも正直、四〇歳近くになって、ゼロから再スタートを切ることになるとは思わなかった。なかなか心に火がつかない。

答える言葉を見つけられない。そんな自分が居《い》たたまれなくなる。

「せっかくだから、もうちょっとこの辺を歩いてみないか」

妻が「はいはい」と言って首をすくめ、先に歩き出す。

15:10　中道通り

吉祥寺のメーンストリートの一つ、公園通りを北に上がり、中央線のガード下を抜けると、交差点の角《かど》にパルコがそびえる。そこを左に入ると、「中道通り」の商店街が広がる。個性的なショップやカフェが軒を連ねるが、その中にある昔ながらの八百屋や飲食店にも人だかりができている。現代アートのような商業ビルがあるかと思えば、古い木造家屋も残っている。

ここは住宅街なのか、商店街なのか——。吉祥寺の歴史がまだら模様に残っている。北西に徒歩一五分の成蹊大学まで、住宅と商店が併存したエリアが広がる。そして、学生から老人まで、様々な人々を引きつける。

人と歴史がつながって社会が形成された街、とでも言おうか。いくら歩いても、飽きることがない。縦横に走る細い道に、思いがけない店が姿を現す。

一体、どれだけ歩いたのだろう。一一月だというのに、いつしか遠藤は汗ばみ、ジャケットを脱いでいた。

もう、他人のブランドに頼るのはやめよう——。自分のブランドを作り、育てていく。

二〇年近く、海外の商品を探し回り、通販やEC、そして店舗で販売してきたが、大ヒットはあっても、それは所詮、他人が作ったものにすぎなかった。いくら海外ブランドの販売権を獲得して、魅力的なブランド物語を綴り、魅惑の店舗を作り上げても、成功するほど手からすり抜けていった。

15:40　東急裏

休憩場所を探して歩いていると、吉祥寺北西エリアのランドマーク、東急百貨店に着いた。その裏手にあるスターバックスコーヒーで、屋外デッキの席に座る。

かつて、東急の裏側は自転車置き場として使われていた。だが、吉祥寺の発展とともに一等地に変わり、スタバが出店して、常に満席に近い状態となっている。

妻がアイスコーヒーを手にして戻ってきた。

「ここ、気持ちいいでしょ」

見渡せば、犬を連れた客や、ベビーカーを押した若い夫婦もいる。目の前のレンガ敷きの通りには、ガラス張りのブランドショップや円形のレストランが並び、異国情緒すら感じさせる。

午後の光が傾いて差し込んでくる。学生や住民、そして観光客が入り混じって往来する。戦前から住宅街として発展し、上京する学生やサラリーマン、文化人を受け入れ、多様性がありながら整然とした街を形成してきた。

遠藤はふと、頭をよぎるものがあった。

「ここがいいかもしれないいな」

妻は少し驚いた表情を浮かべた。

「次の仕事、吉祥寺でするってこと？」

遠藤はストローでアイスコーヒーの氷をかき混ぜながら、人の流れを追った。

「時計メーカーにふさわしい場所かもしれない」

スイスやドイツなど、ヨーロッパの時計ブランドを訪ね歩いた時のこと。彼らは決まって、水と自然が豊かな場所で創業している。それは、職人が安心して暮らし、技術を磨き込める環境だからだ。そして、ブランドは地域とともに育ち、世界に広まっていく。住民の誇りとなって。

自分の手で日本製の時計メーカーを立ち上げるのならば、住み心地がよく、誇りを持てる地でなければならない。

そう考えると、武蔵野に生まれた遠藤にとって、自らのブランドを作る地は、ここしかないと思えてきた。テーブルに頬杖《ほおづえ》をついて、短く伸ばした顎鬚《あごひげ》を指でなでながら、街ゆく人の姿を眺めた。

妻が身を乗り出してくる。

「いいんじゃない。今度は、家族でやれるぐらいの小さな商売にしようよ」

夫が事業にのめり込み、家庭を顧《かえり》みない生活よりも、家族的な「小さな幸せ」を実現する店を作る――。妻はそんな想像をしている。

その言葉に軽く頷《うなず》いた。遠藤も、全速で走り続けた徒労感がある。通勤ラッシュに揉《も》まれて片道二時間の通勤は、それだけでも激務に感じられた。欧米へのフライトは一〇時間を超える。地元に根付いたブランドを作ることの方が、未来的な仕事だと思える。

だが、小さな個店で終わらせる気はない。

少なくとも、吉祥寺を中心に、「日本」を発信する時計ブランドを作り上げたい。日本にはセイコー、シチズンといった巨大メーカーが存在するが、「日本らしさ」を世界に伝えているとは思えない。

日本には、世界に誇る伝統と文化がある。今は廃《すた》れかけているが、全国に点在する技術と伝統工芸をつないで、新たなブランド時計を作れないか。

もちろん、越えるべきハードルは高い。すでに、モノ作りは中国などコスト競争力が高い国に移ってしまった。

「日本で時計を作るメドが立たないんだ」

そう言って、椅子にもたれかかった。

「それがダメだったら？」

「その時は、犬のトリマーをやるかな」

出まかせではない。このまま、日本で時計を作ることができなかったとしても、自分が心底、好きになれる仕事に就きたい。すでに犬を三匹、飼っている。トリマーの資格を取得すれば、仕事としても犬と接することができる。そのための教材まで取り寄せた。

「大社長からトリマーかあ」

妻はそう言って、悪戯《いたずら》っぽい笑みを浮かべた。

冗談半分の表現だと分かっていても、遠藤にとっては心の傷が疼《うず》く。大社長……。誇張した言い方ではあるが、妻は遠藤が絶頂期だった時の姿を思い出しているに違いない。

わずか二年前のことだ。デンマークの時計ブランドを日本に広めた功績によって、デンマーク王室から表彰された。デンマークのブランドを次々と日本でヒットさせ、時計業界に「北欧時計」というジャンルを築き上げたからだ。

だが、そんな栄光の日々は、思いがけない形で瓦解していった。

すべては、このデンマーク王室という舞台装置から始まった。

一章
仕掛け
～1997

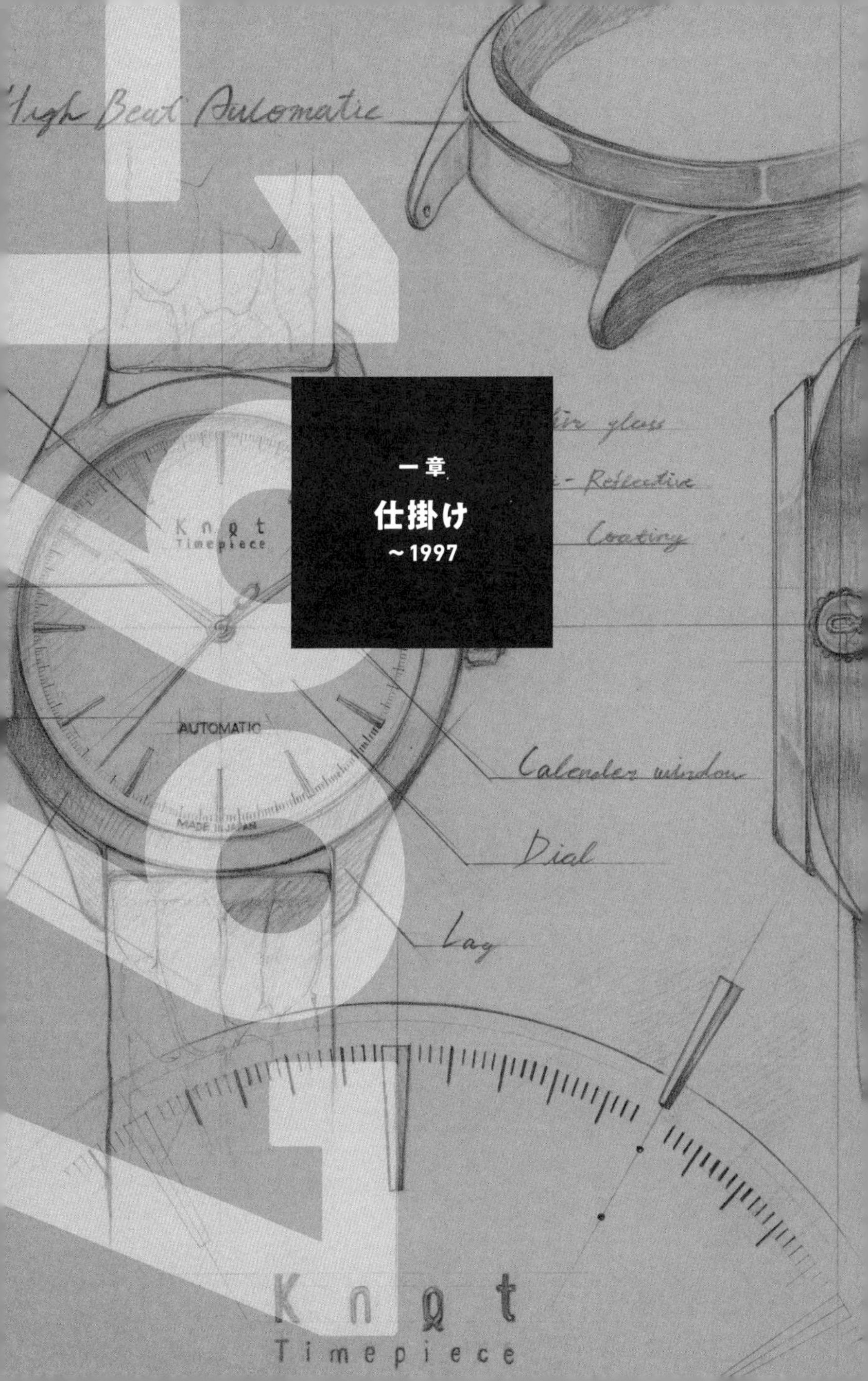
High Beat Automatic
Coating
Calender window
Dial
Lug
AUTOMATIC
MADE IN JAPAN
Knot
Timepiece

時計業界のキーマンたちに、謎の手紙が届いたのは二〇〇四年一〇月のことだった。

差出人は「デンマーク大使」。

——そんなヤツから手紙が来るはずないだろ。

大阪の輸入時計卸売り会社、L&TMS社長の黒田拓哉は、訝《いぶか》しげな表情で封筒を眺めていた。

黒田は、業界では「西の黒田」と呼ばれるほど、その名が知られる存在だ。関西で新しい輸入ブランド時計を売りたければ、黒田を通さなければ売り場が確保できない。いや、個別交渉は可能かもしれない。だが、黒田が首を縦に振れば、西の主要な量販店や商業施設の時計売り場を一気に押さえられる。

しかし、そんな黒田をしても、デンマーク大使から手紙を受け取ることなど、まったく心当たりがない。封筒の中からは、招待状が出てきた。

「アンデルセン生誕二〇〇年」

そう題されたパーティーが、デンマーク女王臨席の下、東京・六本木のグランドハイアット東京で開かれると記されている。

——新種の詐欺か？　それにしても、ご丁寧にデンマーク大使館らしきマークのエンボス加工まで施《ほどこ》してやがる。

机の脇に封筒を放り投げて、仕事に戻った。すると、携帯が鳴る。遠藤からだった。

「黒田さん、お久しぶり」

いつになく明るい調子の声が聞こえてくる。かつて、遠藤は米ルミノックスの時計を輸入し、西日本の販売を黒田に頼んできたことがある。それが、最初の出会いだった。

当初、黒田はルミノックスにそれほど期待していなかった。ところが、思ってもみない展開へと進んでいく。遠藤は知り合いの出版社を回って雑誌広告を打ち続け、特集記事にも取り上げられていった。最後には、テレビドラマで男優にルミノックスを着けさせる。

そして、一躍、ヒットブランドに仕立て上げてしまった。

それから、時計輸入の世界で遠藤は「時の人」となった。

——こいつは普通じゃないな。

黒田は、業界の常識に縛られない遠藤の発想と行動に引き込まれた。遠藤も、時計業界の中で大手企業に伍して闘う黒田から、学ぶものが多かった。そこで、互いに出張で近くを訪れた時に、連絡をとって飲みにいく仲になった。

だが、遠藤は会社の先輩とぶつかって、その勢いで退社してしまう。その後、イーコンセプトという会社を立ち上げたことは、風の便りに聞いていた。だが、かれこれ一年ほど音信不通だった。

「遠藤さんが電話してくるとは、また何か大仕掛けでも始めるわけですか」

黒田がそう鎌をかけると、電話から遠藤の笑いが漏れてきた。

「いや、黒田さんがデンマーク大使館からご招待を受けたんじゃないかと思って」

そうか、あれは遠藤の仕業《しわざ》か——。黒田は慌てて机の書類の中から封筒を引っ張りだした。

「届いてるよ。詐欺みたいな手紙が」

黒田の反応を聞いて、電話の向こうでまた遠藤が笑った。

「ぜひ、パーティーに来てください。面白いことが始まりますから」

翌一一月、六本木のグランドハイアットの宴会場。デンマークを代表する童話作家アンデルセンの生誕二〇〇年を祝う年間イベントの幕開けとなるパーティーが開催される。デンマーク女王が出席する会に、遠藤は時計業界のキーマンを集結させていた。そして、スカーゲン・デンマーク社の経営トップ、カーステンと引き合わせて、紹介していく。時計流通の業界人にとって、これまで体験したことのない光景だった。まだ遠藤は、スカーゲンと契約を結んでいない。だが、まるで正規代理店のように、本社トップの外国人を日本の時計業界の面々に引き合わせていく。

——もう代理店になったかのような振る舞いじゃないか。これは、かなり自信があるな。

黒田は、その姿を見ながら、前例のない時計ブランドの立ち上げに舌を巻いた。しかも、舞台は女王陛下が出席するパーティー会場だ。そこを、女王などまったくお構いなしに、営業の舞台装置に使っている……。

それにしても、なぜ、販売権を持たない遠藤が、これほどの待遇を受けているのか。黒田は、遠藤が挨拶を終えるタイミングを見計らって近づいた。

「ところで、どうして遠藤さんが、こんな女王陛下が参列するパーティーに呼んでもらえたの」

「まあ、これまでの実績じゃないですか」

——これまでの実績？　確か、スカーゲンの並行輸入品を『通販生活』で数回、売っただけではなかったのか。

「実績って、『通販生活』しか知らんかったけど、ほかでも売ってたの？」

「ヒットしたので、いくつかの通販で売ったんですよ。その時のことが強烈なインパクトを与えたみたいでして」

デンマークのスカーゲンの社内では、ちょっとした騒ぎになっていた。一つのモデルに集中的に発注してくる日本の業者がいる――。そんな報告が経営トップまで上がっていた。

「日本では売れない」。そう社内では囁《ささや》かれていた。事実、何度か並行輸入する日本の業者が現れたが、思うように売れずに撤退していった。

当時の時計市場は「デカ厚《あつ》ブーム」に沸いていた。カシオのGショックに代表される、大きくて厚い、頑強な時計が人気ランキングの上位を占めていた。

そこに、遠藤は「逆張り」の戦略を打つ。

デンマークを代表する時計ブランド「スカーゲン」の中でも、薄くてシンプルなデザインのものを一モデル選び、三〇〇個買い付けた。「六ミリの薄さ」を強調した写真とコピーを独自に作成する。その戦略が見事に当たった。『通販生活』で大ヒット商品となり、追加販売が続き、結果的に一〇倍近い数千個を売り切ってしまう。

「これはいける」

そこで、遠藤は本格的にデンマークのスカーゲン本社と取引することを考える。正規代理店として、日本での販売を一手に引き受けようと国際電話をかける。

電話が取り継がれ、担当者が出てくるとばかり思っていると、経営トップのカーステンが受話器をとった。開口一番、受話器から大声が聞こえた。

「お前か、一つのモデルに数千個も発注をかけてきたヤツは」

そう言って笑う。

「うちの社内で話題になったよ。クレイジーだって」

カーステンを驚かせたのは、その大胆な仕入れ手法だった。通常、輸入業社は、海外ブランド時計を扱う場合、複数のモデルを少しずつ仕入れて、売れ行きや消費者の嗜好《しこう》を探る。

だが、遠藤は一つのモデルに絞って、短期間に何度もオーダーを繰り返した。次々と売り切っていることが、受注データから手にとるように分かる。結果的に、一モデルで数千個を日本市場で売り切った。

「そうだ、日本で売れるのはこのモデルだと狙いをつけた。実際、飛ぶように売れたよ」

「それで、また追加発注か」

「いや、日本の販売を任せてもらえないかと思っている。本格的にスカーゲンを日本で売っていきたい」

相手の言葉が止まった。何か考えているのだろう。少し間があって、カーステンはこう打ち明けた。

「実は、日本から同じようなオファーがいくつか来ている。大手の企業ばかりだ」

――そうか、遅かったか。もしかしたら、大手企業は、『通販生活』での売れ行きを知って、参入を決めたのかもしれない。大手のくせに、「横取り」に出てくるとは。

だが、この時、カーステンの頭を巡っていたことは、企業規模や申し出の順番などではなかった。まだ、ほとんど未開拓だったアジア市場に本格的に打って出ることは決断していた。そのためには、日本から攻略しなければならないことも理解している。

では、日本の誰と組むか。

カーステンは業界のアジア通に、状況を聞いたことがある。「日本市場で、アメリカのミリタリーウォッチ、ルミノックスを爆発的に売った男がいる。数年前のことだが、輸入時計の世界で話題になった」。どうやら、それが今、電話口で話している男だ。

カーステンは腹を決めた。こいつに賭けてみよう。

「ちょうど二カ月後、日本でアンデルセンフェアが開催される。女王陛下が参列するパーティーがあって、オレも出席することになっている。そこで会わないか」

思いがけない提案だ。これは、勝機がありそうだ。

「ぜひ、そこでお会いしましょう」

そう返しながら、遠藤はその場を想像する。一気に勝負をつける舞台に仕立て上げられるかもしれない。

「そのパーティーに、日本の時計業界のキーマンも招待してもらえないか。リストは私が作る。きっと、スカーゲンにとって有益なネットワークになると思うが」

遠藤の提案に、カーステンも乗ってくる。

「人数は限られるが、リストを送ってもらえば大使館が調整してくれるだろう。では、楽しみにしているよ」

最高の舞台が整う——。

女王の前に、デンマークを象徴するブランドの経営トップ、そして日本の時計流通の主要人物が顔を揃える。彼らをスカーゲンに紹介すれば、遠藤の時計販売における広いビジネス人脈を見せつけられる。大手企業を押し除《の》けて、一気に契約に持っていけるはずだ。

その戦略はまんまと成功する。

遠藤は、招待された日本の時計流通の業者たちにこう呼びかけた。

「デンマークを代表する時計ブランドを、これから売っていきましょう」

女王陛下に背を向けて、ひたすら時計業界の人脈にスカーゲンの営業をかける。

——こいつはただ者ではない。

カーステンはその熱意に押されるように、遠藤が経営するイーコンセプトに独占販売権を与えることになる。

どう市場に売り込むか——。
スカーゲンの販売権は得たが、これまで日本では売れなかったブランドだ。一モデルはヒットさせたが、これからはブランド全体を市場に浸透させていかなければならない。

――これは、売り方を根底から変えなければダメだな。

本社から送られてきたカタログをペラペラとめくりながら、遠藤はある決意をしていた。

カタログから作り直そう。

通常、海外ブランド時計を日本で売る場合、本社が作ったものをそのまま翻訳して使うケースが多い。

だが、スカーゲン本社が作成したカタログは、時計を正面から撮影した写真を使っている。これでは、スカーゲンの魅力を日本人に訴えかけることができない。

まず、「薄さ」を強調した構図の写真を撮り直していかないとならない。それに加えて、幻想的な北欧のストーリーを織り交ぜながらスカーゲン物語を綴っていく。

そうしてスカーゲンの売り込みを考え始めた頃のこと。携帯が鳴る。懐かしい名前が表示された。

五十嵐祥三。高校時代に同級生だったデザイナーだ。デザインの専門学校に進学し、デザイン事務所を三社ほど渡り歩いていた。

「イガちゃん、久しぶりに電話をかけてきて、どうしたの?」

「いや、ついに独立することにしたよ。なんかデザインの仕事はないかな」

こいつは、やっぱりツキがいい。

「お前、タイミング良すぎるよ。これからスカーゲンという海外ブランドの時計を始めるところだ。ぜひ、手伝ってくれ」

遠藤は、それまでも重要な商品のカタログデザインを、気心《きごころ》が知れた五十嵐に任せていた。

デザイナーには二つのタイプがある。遠藤はそう思っている。

一つは、芸術家のように、ゼロから思うままにデザインを生み出していくタイプ。もう一つは、依頼者の頭にある構想を、そのままデザインに落とし込めるタイプ。

五十嵐は後者のデザイナーとして、傑出した才能がある。しかも、一〇代の頃から長い時間を一緒に過ごしてきた。五十嵐は、自分の思いを瞬時に理解し、形にできる。遠藤にとって、なくてはならない片腕のような存在だった。

東京・国立。駅から徒歩二分のモダンなビルの一室に、五十嵐のオフィスがある。遠藤は、本社から送られてきたスカーゲンのカタログを五十嵐に見せながら説明する。

「とにかく、薄さを強調したい。こんな正面から撮った証明写真みたいなのじゃダメなんだ。斜め横から写してほしい」

遠藤は時計を横にして見せた。そこから少し文字盤が見えるぐらいの角度にして、「このくらいかな」と言って五十嵐に目配《めくば》せする。

スカーゲンを大胆に薄さで売り出す。

五十嵐の頭を一抹の不安がよぎる。

「今は、デカ厚《あつ》が売れるんじゃないのか？」

その指摘に、遠藤は顔の前で手を振った。

「いやいや、あれは重すぎるし、袖《そで》にひっかかる。逆に、薄くて軽い時計がほしい人がいるんだよ。なのに、時計売り場にはぶ厚い時計ばかりで、うんざりしている」

五十嵐はさらに疑問を口にした。

「本社が撮った写真を使わなくて大丈夫か？」

遠藤は、まったく気にかけている様子はない。

「売れれば、誰も文句は言わないよ」

「そういうものか」

「そりゃそうでしょ」

五十嵐は首をすくめた。

——大胆な賭けに出たな。こういう勝負事で、いつも、こいつは成功してきたよな。

勝負強い。それは、遠藤の人生を通したテーマでもある。

もちろん、すべてに勝ち続けることはできない。だが、負けを最小限に食い止める「良い負け方」はあるという。そして、負けた後に、より大きな賭けに出る。そして、勝ったところでゲームを終了すれば、最終的に負けることはない、と。

そこが、遠藤と五十嵐が、気が合うところかもしれない。同じ東京・日野市で育ち、中学までは学校こそ違ったが、サッカーの試合で互いにエースとして活躍し、意識し合っていた。そして偶然にも同じ私立高校に入学した。しかも、互いに「やんちゃ」で、入学式から二人は目立っていた。改造バイクという趣味も同じだったことから、次第に親しくなっていった。

その遠藤は、学年で最初に無期停学をくらい、五十嵐は退学第一号となった。五十嵐は都立高校に転入し、その後、デザインの世界に進んでいく。

高校の頃、遊び場は決まって吉祥寺で、数人で集まっては街をほっつき歩く。当時から、遠藤はモノに興味を示していた。それは、服飾学校を創設した家系から受け継いだことかもしれない。父も休みになると靴やクルマを磨き上げる。遠藤も真似るように、自転車を磨き、サッカースパイクを手入れした。

だが、カネがない。

伝統を重んじる厳格な家庭で、何をするにも長男が優先され、二男の遠藤は後回しにされた。食卓の席順もいつも長男が上座《かみざ》で、食事も違うものが出された。服から雑貨まで、お古が回ってくる。コイの池がある格式高い家構えだが、当時の記憶は、なぜか「貧しさ」を伴《ともな》って蘇ってくる。

　モノに対する渇望《かつぼう》が強かった。雑誌に載っている革ジャンやスニーカーを眺めるが、高校生の小遣いでは手が届かない。

　高校三年の夏、一八歳になると、自動車免許を取得し、母親の軽自動車を借りて、写真現像所で配送のバイトを始めた。クルマで店舗からフィルムを集め、写真を送り届ける。月収は二五万円。実家から通っているから、生活費がほとんどかからないため、好きなモノを買えるようになった。

「これで一生、食っていってもいいかもしれない」。本気でそう思っていた。そして、高校を卒業しても、就職せずにバイトを続けた。

　ところが、昼休みに友人の家の前に路上駐車をしてテレビゲームをしていると、違反切符を切られる。累積の点数で免停になり、配達の仕事ができず、収入が途絶えてしまう……。頭が真っ白になっていると、上司から「それなら、社員にならないか」と声がかかる。

　フジカラー系列の写真現像会社に入社すると、写真の調色などを教え込まれた。給料は手取りで月一五万円に減った。そして、任された仕事は、スーパーなどの施設内に現像プリント店を立ち上げる役回り。オープン直前は泊まり込みで準備に追われる。一カ月間、休みなしに働くこともざらだった。最後は胃に激痛が走って、そのまま入院。上司は責任を追及されたが、そのことで遠藤に八《や》つ当《あ》たりした。

「お前のせいで、ひどい目にあった」

その一言で、退職の意を固める。

そして、叔父の経営するカタログ販売会社に転職する。そこでバイヤーとして商品を買い付けてくる仕事を任された。それが、今に続く「商品企画」の仕事だった。あらゆるモノにストーリーを持たせて、売りまくる。

モノ雑誌の発売日になると、朝から書店に走って入手し、読み込んで、目ぼしい商品をリストアップする。そして、先輩社員やライバル会社を差し置いて、誰より早く電話で商談を始める。多い時には十数冊の雑誌を読んでいた。海外工場の潜入ルポや、ブランド物語など、製品の裏側のストーリーに引き込まれていった。その知識が、良いモノを見抜く眼力になっていく。

展示会などのイベントに行くと、先輩社員はざっと見て帰ってしまう。だが、遠藤は開催中、連日通い詰めて、これという商品を見つけては商談をもちかける。自社のカタログ雑誌は、富裕層の男性向けなので、それに合わせて、商品を微妙にアレンジしてもらう。

同僚社員とは仕事への思い入れが違う。だからだろう、わずか三年で通販雑誌の編集長に抜擢される。

通販雑誌では、遠藤がそれまで培《つちか》ってきた能力が遺憾《いかん》なく発揮された。

まず、商品の写真。フジカラー時代、写真の調色や色分解を学んだ。激安の写真プリント店が一枚一〇円だった頃、フジカラーは三〇円もとっていた。それだけに、仕上がりに違いを見せなければならない。微妙な版《はん》ズレを見つけ、修正する。色の調整も怠《おこた》りがない。「赤みが少ない」と思えば、マゼンタという赤色を強めにして紙焼きする。いかに写真が映《は》えるか、調整方法を熟知していた。

そうした経験の蓄積が、通販雑誌の誌面で生きた。

商品を紹介するキャッチコピーや誕生物語も魅力的に磨き上げていく。モノオタクだった遠藤は、商品が生まれた土地や、創り出した人物、そして製造工程について、雑誌や書籍で読み込んだ知識がある。

写真も、見た瞬間にインパクトを与える構図や色味を作り込んでいく。

カナダの森林警備隊の防寒服を仕入れるか迷った時のこと。実際に使っている場面の写真があれば「本物感」が出る。そう思いついて卸売業者に問い合わせる。

「カナダの実際の警備隊の写真って使えますか」

「大丈夫ですよ」

その瞬間、いけると判断した。実際、カタログ雑誌にカナダの森林警備隊の写真を掲載すると、他の防寒服より実用性が高そうに見える。そして、飛ぶように売れた。

水虫を治す商品も大ヒットした。液体に足を漬《つ》けると、一週間ほどで足の皮がベロっとむける。このインパクトが強い写真を掲載すると、その効果が読者にストレートに伝わる。しかも、店頭では恥ずかしくて手に取りにくい商品なので、通販にはもってこいだった。

社長である叔父や、役員からの信頼が厚くなっていった。そして、初の海外出張が認められる。

行き先はニューヨーク。空港に降り立つと、リムジンが迎えにきていた。車内ではシャンパンがふるまわれる。案内役だったマイカ・オーバーシーズのタカ相田の演出だった。マイカ社はタカの兄、マイク相田が現地で創業した商社だった。兄マイクは、かつて日本の貿易会社に勤務し、ニューヨーク事務所に駐在していた。そのまま現地で独立し、弟のタカが日本の高校を卒業するタイミングで、アメリカに呼び寄せた。

タカは二〇代前半の遠藤を、「日本人離れしたバイタリティーがあるビジネスマン」と見込んでいた。多くの日本企業のサラリーマンを出張時に案内していたが、ほとんどは物見遊山に終わる。

遠藤は違った。グッズの展示会では、巨大な会場を一日中歩き回って、日本で受けそうな商品を探していた。滞在中、常に街を歩き続け、面白そうな品を物色する。

「タカさん、ニューヨークってすごいですね。見るもの全てが新しい。これを日本に持っていったら売れるだろうな、というモノがあふれている。歩きながら商品開発をしている感じでした」

最後の夜、タカは自宅の高層マンションに遠藤を招待した。

「遠藤くん、屋上に行ってみたい？」

遠藤が「ぜひ」とうなずくと、マンションの屋上に案内した。

眼前に宝石箱のように輝くマンハッタンの夜景が広がっている。クライスラービルがライトアップされ、左手には国連の建物がそびえ立つ。初めての海外出張で、世界一の都市を眼下に見下ろすことになる。

タカは、そんな遠藤の背中を押すような言葉をかける。

「ここが世界の中心なんだよ。こうして見ていると、世界で仕事をしていることを実感するだろう」

高層ビルの光の渦は、地球上の最高のビジネスを集結させた証《あかし》のように思えた。

「なあ遠藤くん、君ならこの世界を目指せるんじゃないか」

ここにある光の一つに自分が加わる――。目標が定まった。

世界的なビジネスを展開する。

遠藤は今でも、この瞬間がなければ、現在のビジネスまで到達しなかったと思っている。

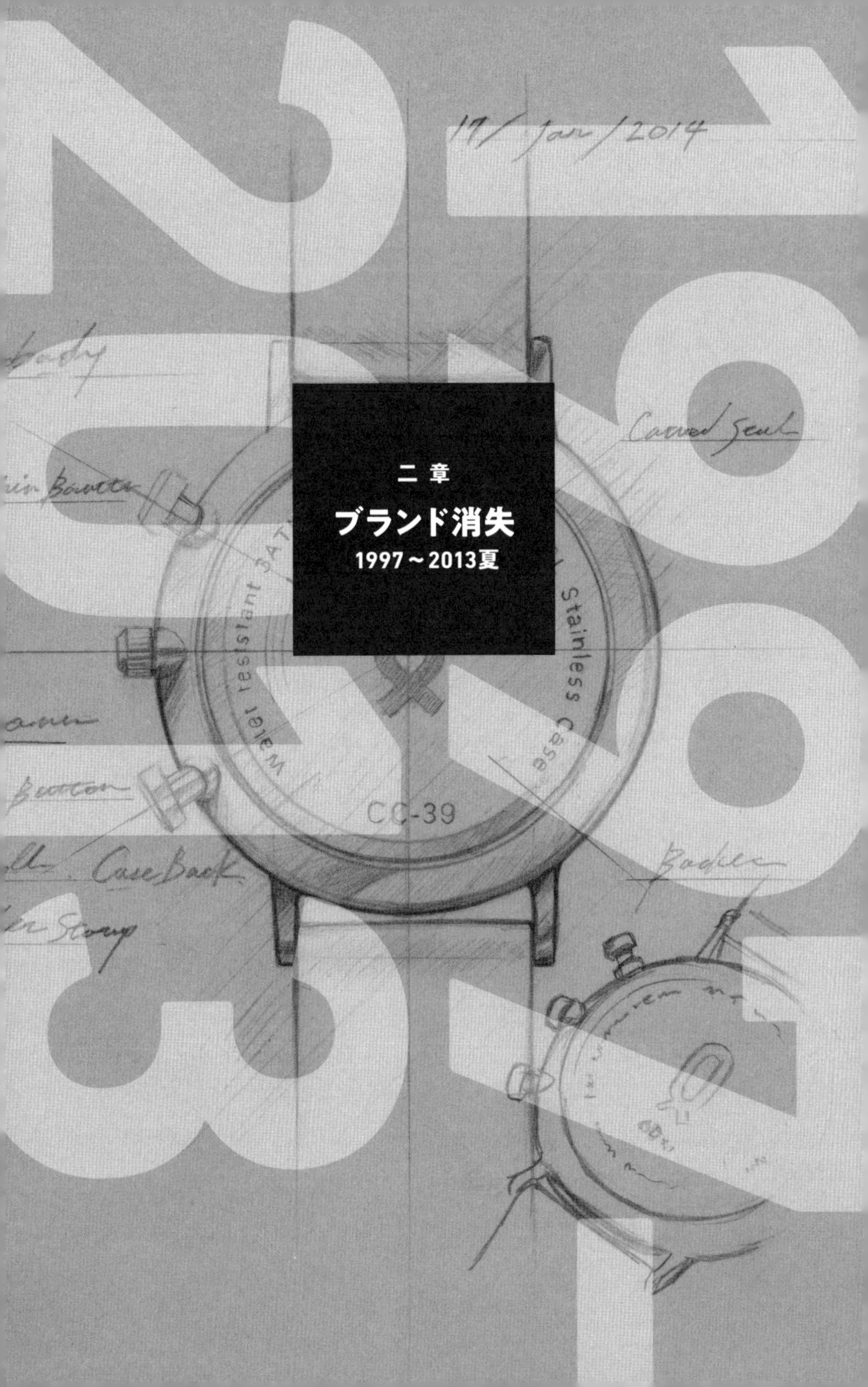

二 章

ブランド消失

1997～2013夏

帰国した後、遠藤はニューヨークでの経験が頭を離れなかった。

そうすると、目の前の仕事が、窮屈でつまらなく感じてしまう。カタログ販売は、どうしても購読層が限定される。

――世界には優れた商品が山のようにあるのに、購読者に合ったモノしか扱えない。もっと自由に、世界の逸品を日本市場で販売したい。

会社も、遠藤が嫌気がさして退社することを恐れ、資本金を出して新会社設立を後押しする。

一九九七年、先輩社員と二人で販売会社「リベルタ」を設立・運営する。先輩が社長を務め、遠藤は取締役として参加した。当初は、大ヒットした水虫関連商品で売上を稼ぎながら、遠藤は世界を回って買い付けをするようになっていく。

その主要なつなぎ役は、マイクとタカの相田兄弟だった。彼らは、アメリカはもちろんのこと、世界中に取引先のネットワークを築いている。相田兄弟に相談して、引っ張ってこられない商品はまずなかった。大抵は、現地の販売価格の六掛けで入荷できる。

アメリカのテレビショッピングで飛ぶように売れていたイオンドライヤーは一個一〇〇ドルで販売されていた。これは、日本でも売れるんじゃないか――。タカに相談すると、瞬く間に商談がまとまる。

「遠藤さん、あれは中国で作ってるんだ。今、商品を押さえたから、その業者にすぐ手付金を払っておいて」

タカから見ても、遠藤は信頼できる事業パートナーだった。多くの日本企業のサラリーマンは、マイカ社に「手に入るか」と問い合わせてきても、販売するかどうか決めきれていない。社内の了承も得ていないし、販売やマーケティングの手法も考えていない。タカからしてみれば、動くに動けない案件ばかりだった。

だが、遠藤は問い合わせてきた段階で、販売のシナリオが描かれている。販売数量も決まっているから、すぐに世界中の業者と交渉できる。

ブラジルから高級石鹼を輸入したこともある。「ダイアナ妃が使っている」が売り文句。マイカ社に打診すると、一カ月後に電話が鳴る。

「遠藤さん、あの石鹼を押さえたぞ。何コンテナ必要?」

だが、この商品は失敗に終わる。空港に着くまでに商品がすべて溶けてしまった。

「マイクさん、石鹼が全部パーになった」

「そんなこともあるわ。わっはっは」

豪快な兄のマイクは、電話に出ると話が止まらない。当時はスカイプなどネット会議システムがない時代だから、国際電話をかけることになる。マイクと話すと、電話料金が一回で一万円を超える。だから、事前にファクスで弟のタカと電話する時間を打ち合わせておいて、取ってもらうこともあった。そのタカは温厚で物静か。対照的な兄弟だった。

タカと遠藤は、世界の逸品を求めて一緒に出張することも多かった。二〇歳ほど年上でビジネス経験も長いタカだが、遠藤の商品を見る時の知識とセンスには舌を巻くばかりだった。イタリアやスペインの革製品の工場に行った時のこと。工場に足を踏み入れるなり、遠藤が唸《うな》った。

「タカさん、この工場、レベル高いですね」

遠藤は、設備と道具を見ただけで、工場が作り出す製品の特徴や品質を見抜いていた。


その遠藤が、時計の世界に最初に足を踏み入れたのは、テレビショッピング番組だった。フジテレビが深夜に放送していた通販番組、「出たMONO勝負」でのこと。番組に商品を提供していた遠藤は、制作陣からこんな要請を受ける。

「金城武が主演のテレビドラマが放映されることになっている。そのタイミングで、Sinnの金城版を作ってきてくれないか」

Ｓｉｎｎとはドイツの時計メーカーで、ドイツ軍パイロットが生み出したミリタリー系の時計として知られていた。タフかつ精密な時計は、金城が演じるロシア系スパイが着けるには打ってつけだと思われた。日本ですでに流行っていた「デカ厚《あつ》」の時計ブランドだ。早速、ドイツ本社に電話で問い合わせる。経営トップのローター・シュミットが電話口に出てくる。受話器を握る手が汗ばむ。用件を伝えると、シュミットは怒り出した。

「並行輸入業者が、特注を要請するなんてあり得ないだろう」

おっしゃる通りだ。それでも、すごすごと引き下がるにはもったいない。トップと話すチャンスはそう巡ってこない。何か方法はないのか、と食い下がる。

「日本の正規代理店と話をつけろ」

そう言って電話を切られた。

日本の代理店は、当時、モノ雑誌を発行する出版社のドイツ法人だった。そこの日本人社長に現地で会うと、いきなり怒鳴られた。

「お前か、うちが扱っているブランドで勝手に特別モデルを作ろうとしたヤツは」

二時間、滔々《とうとう》とまくし立てられたが、その間に何か思うところがあったのだろう。

「で、今日はこれからどうする」

「帰国便はもうないから、どこかホテルに泊まるつもりです」

「このためだけに、わざわざ日本から来たのか」

頷《うなず》くと、代理店社長は呆《あき》れた表情でこう言った。

「じゃあ、うちに来なよ」

そして、夜通し語り合う。最後にこうアドバイスされる。

「遠藤くん、そんなに時計に興味があるんなら、来年三月にまたヨーロッパに来ないか。スイスでバーゼルフェアという世界中の時計メーカーが集まる展示会があるから」


モノオタクにとって、時計は特別な存在と言える。小さなケースの中に、モノ作りの粋を集めた「技術の結晶」であり、スイスやドイツ、日本といった先端技術と職人文化に秀でた国が世界をリードしてきた。

それだけに参入ハードルは高い。すでに世界ブランドの多くが、日本市場に進出している。バーゼルフェアには確かに世界中のメーカーが集まって来るが、日本人バイヤーも数多く参加する。めぼしいモノは大手の企業や商社と競合することになる。

だが、着実に時計の知識を身に付けていった遠藤は、意外な所で最初のブランドを見つけ出す。

アメリカ・ラスベガスで開催されていた銃やハンティングの展示会でのこと。ハンターは機能性の高い頑強なモノを好む。そこに、「デカ厚」でピンクやイエロー、ブルーに光る時計ブランド「ルミノックス」が展示されていた。

ブースにいる社員に近寄って聞いた。

「これ、すでに日本でも売っているの？」

「いや、日本では売れないんだ。核持ち込み禁止なんだろ」

ルミノックスは、「25年間、光り続ける」という謳《うた》い文句だが、トリチウムという水素の一種を使っていて、放射線を発生する。だが、一年前に交渉したＳｉｎｎの時計も、確かトリチウムを使っていたはずだ。日本市場で販売する方法があるかもしれない。

「もし、オレが許可を取ったら、販売させてくれるか」

遠藤の言葉に、社員は手を広げて「もちろん」と答える。これは、いけるかもしれない。

早速、Ｓｉｎｎを扱うドイツ法人の社長に電話をかける。

「遠藤です。昨年は自宅にお招きいただき、ありがとうございました」

社長は電話を取ると、「久しぶりだね」と声を弾《はず》ませた。すっかり遠藤を気に入っている。実は遠藤が訪問した後、Ｓｉｎｎの金城モデルは、この正規代理店を通して販売を実現させていた。

「いや、こっちもいいビジネスをさせてもらったよ。で、また来るんなら大歓迎だよ」

「ありがとうございます。実は今回はちょっと教えてほしいことがありまして。Ｓｉｎｎの時計には、トリチウムを使っていましたよね」

「そうね、夜光塗料として使っている」

――やはり、記憶は間違っていなかった。

「アメリカでルミノックスを見たんですが、ミリタリーウォッチの中でもカラフルで他にないデザインだと思うんです」

「なるほど。日本で売るには、いいブランドかもしれないいな」

「でも、核持ち込み禁止条項があるから、日本では売れないと言うんですよ。Ｓｉｎｎはどうやって規制をクリアしたんですか」

「その問題なら、大丈夫じゃないかな」

Ｓｉｎｎは放射線の研究者に依頼してトリチウムの放射線量を計測してもらったという。950メガベクレル以下なら微量なため、人体に影響を及ぼさない。その証明書を取り、数値を時計本体に表記すれば問題ないという。

「じゃあ、いけますかね」

「経験上だけど、腕時計なら引っかからないと思うよ」

――これは、いけるかもしれない。

早速、大学の放射線研究者に依頼すると、規制値を下回るとの結果が出る。証明書を取得して、監督官庁に届け出るなど一年ほどかかったが、ルミノックスとの契約にこぎつけ、日本での販売権を取得することに成功する。

二〇〇〇年、ルミノックスの日本での販売を開始する。そして、大ヒットブランドに成長していくことになる。二〇〇一年、アメリカで九・一一の同時多発テロが起きる。ニューヨークの世界貿易センタービルが崩壊する中で、救助活動に当たった消防士たちがルミノックスを着けていたことは、堅牢《けんろう》性と機能性が高いことの証《あかし》でもあった。

ルミノックスは、日本でさらにブレークしていく。有名人たちが軒並み、ルミノックスを着けてテレビや映画に登場していったからだ。遠藤は、そうしたチャンスを見逃さず、消費者にアピールした。

二〇〇二年にアメリカ映画「オーシャンズ11」が日本で公開される。ラスベガスの金庫破りを描いたアクション映画で、全米で一億八三〇〇万ドルの興行収入を上げるヒット作となった。この主人公役を演じたジョージ・クルーニーがルミノックスを付けてスクリーンに登場する。

そこで、遠藤は配給元の米ワーナー・ブラザースに掛け合い、ジョージ・クルーニーの写真を一〇枚ほど、無償で使うことを許可された。これを『モノマガジン』に持ち込む。編集部側も乗ってきた。

「遠藤さん、次の号で表紙から数十ページの特集を展開するから、他の雑誌には持ち込まないでほしい」

映画は日本でも七〇億円の興行収入を上げ、シリーズ化されていく。この映画で、ルミノックスの日本での知名度が一気に高まった。

これをヒントに、遠藤は日本のテレビ業界でも仕掛けていく。

テレビショッピングでフジテレビに出入りするようになり、芸能関係者との付き合いも多くなっていった。俳優の岩城滉一もその一人だった。互いにバイクが趣味という点で意気投合していた。ルミノックスを岩城に見せると、文字盤を手で覆って、夜光塗料の光り具合を確かめる。

「遠藤くん、これいいじゃん。オレ、夜バイクに乗る時、時計の文字盤が読めなくて困ってんだよ」

カラフルな色に光る文字盤を見ながら、岩城が腕時計をいじったり腕にはめたりして、こう言った。

「オレのバイクチームのマークが入ったルミノックスを特注で作ってくれないか」

岩城がルミノックスを愛用するようになったことで、さらなるヒットにつながっていく。

二〇〇三年に放映された木村拓哉主演のTBSのテレビドラマ、「GOOD LUCK!!」。パイロットを演じる木村とともに、教官役で岩城が共演した。そして、ドラマで木村がルミノックスの時計を着けて話題を呼ぶ。瞬間最高視聴率が四一・六%を記録したこのドラマは、最終回にかけて視聴率が上昇していった。それにつれて、ルミノックスの販売も押し上げられていく。

だが、ルミノックスの成功は、一緒に創業した先輩との間に亀裂をもたらすことになる。

二〇〇三年、遠藤が海外出張から戻った時のこと。先輩から思いがけないことが告げられる。

「ルミノックス一号店の場所を決めておいたから」

突然のことに、頭が混乱した。ルミノックスは遠藤が販売権を取得し、宣伝マーケティングまで担当してきた。先輩はこれまで、まったく関与していない。そもそも、社内の役割分担が決まっていたはずだった。先輩は経営全般を見ていて、ルミノックスなど商品の企画開発は遠藤の担当だ。

「ちょっと待ってください。何で相談もなく、勝手に決めるんですか」

だが、まったく聞き入れられない。そのまま、ルミノックス一号店が東京・外苑前にオープンする。

——もう、先輩との信頼関係は修復しないだろう。彼が経営トップである以上、自分はここに居場所がない。

遠藤はルミノックスを残したまま、会社を去ることを決意する。

——ルミノックスは、テレビや映画の力を借りてヒットしただけだ。次は必ず経営として成功させる。

今度は一人で、イーコンセプトという会社を立ち上げる。何をやるかは特に決めていなかった。ただ、マイカ社をはじめとして、世界に仕入れネットワークが構築されていた。国内の販売実績もあり、遠藤が持ち込む商品を待ち望んでいる小売りも少なくない。

何を売ってもうまくいくだろう。遠藤は、それぐらいの自信を持っていた。

当時、楽天をはじめとするｅコマースが勃興してきた時期だった。だが、各ＥＣサイトは目玉となる商品が見つからず苦闘していた。

「うちのサイト専用の商品を開発してくれないか」

そんな依頼が次々と入り、マイカ社をはじめとする世界の調達先から商品を仕入れて売りさばいていた。

そんなある日、後輩が泣きついてきた。叔父の通販会社に勤務していた時の部下で、会社は移っていたがバイヤーを続けていた。そして、『通販生活』の北欧特集で用意していた商品が、直前になってボツになり、穴埋めを探していた。

「遠藤さん、北欧の商品が必要なんですけど、何かネタありませんか」

「いや、いきなり北欧と言われてもなあ」

そう言いながら、遠藤はふと思い出したことがあった。

――まてよ。昔、デンマークの時計で面白いのがあったな。

「時計でもいいの？」

「もちろんです」

元部下は藁《わら》にもすがるような表情だ。遠藤は机の引き出しを開けて、書類を探し始める。あった。確かバーゼルフェアで手に入れたカタログだ。

「このスカーゲンっていう時計ブランドは、北欧のデンマークだよ。『通販生活』に持ちこんでみれば」

「助かります」

それから数日後、元部下から電話が入る。

「遠藤さん、先日ご紹介いただいたスカーゲン、採用が決まりました」

「そうか、よかったじゃない」

「そこでお願いなんですが、遠藤さん、仕入れていただけませんか」

「いや、オレはそんな当てはないよ」

実は、独立してから、時計を扱ったことはなかった。ルミノックスを成功させたものの、輸入許可を取るのに一年近くかかった。しかも、テレビや映画で役者が使用するという運がなければ、あのヒットはなかった。

そもそも、ルミノックスを手がけたことで、海外時計ブランドの厳しさを痛感していた。すでに、日本市場で売れそうなブランドは、ほぼすべて参入していることも分かった。

しかし、スカーゲンには気になる「何か」があった。これまで、日本では「デカ厚《あつ》」がもてはやされてきた。しかし、スカーゲンは薄くてシンプルながら、どこか北欧らしい幻想的な雰囲気が漂う。

元部下は電話口で、「何とかお願いできませんか」と繰り返していた。

「分かった。ちょっと当たってみる。でも、北欧の時計を、そんなに急に調達できるか確約はできないよ」

それでも、遠藤が動いてくれると知ると、電話の向こうでお辞儀するかのような礼の言葉が続いた。

困った時はマイカ社しかない。タカに連絡すると、すぐに返答が帰ってきた。

「アメリカのスカーゲンから調達できるよ」

スカーゲン社を創業したヘンリック・ヨーストはデンマーク人だが、そもそもはビールメーカーのカールスバーグに勤務し、アメリカにマネジャーとして派遣されていた。そのアメリカ勤務時代に、妻のシャーロットと共に、母国デンマークの港町「スカーゲン」をコンセプトにした時計を作り出す。つまり、アメリカ発のデンマークブランドと言える。

「アメリカからで、もちろんＯＫです。とりあえず三〇〇個、お願いします」

急いで、元部下に報告する。

「おい、スカーゲン、手に入るぞ」

「本当ですか。ページが白紙にならなくて済みました。ありがとうございます」

「礼を言うのは早いよ。そのままスカーゲンから送られてくる写真を使っても売れない。これまでも、多くの業者がスカーゲンを輸入して、失敗を繰り返しているからな」

しかも、今回は価格が割高になる。

スカーゲンからマイカ社を通して、イーコンセプトが一旦仕入れ、後輩の卸会社に渡す。そして、『通販生活』で販売する。中間流通が多く、それぞれが手数料を上乗せしていくから、価格は二万四〇〇〇円になった。ストレートに仕入れて売るならば、価格はその六割ぐらいに抑えられるはずなのだが。

元部下の声のトーンが下がる。

「在庫が積み上がることは覚悟しておきます」

「まあ、売り方はある。写真もコピーも、すべて作り直した方がいい。そこは、オレに任せてくれ」

そう言って遠藤は電話を切った。

スカーゲンを日本市場で売るには、薄さを強調するしかない。

「わずか六ミリ、ウルトラスリム」。そこに北欧の港町の物語を添える。

こうして『通販生活』での大ヒットが生まれる。

「すごいビジネスになるんじゃないの」

エムズ商事社長の青山美智子は、そう言って笑顔を作った。

「すいません、何度もお願いに来てしまって」

遠藤は、そう言って頭を下げた。資金繰りに困ると、昔から付き合いのあるこの会社に、取り引きの間に入ってもらって、仕入れを代行してもらっていた。

スカーゲンが『通販生活』でヒット商品になったことで、その後、遠藤はほかの通販にも販路を拡大していった。数百本単位で繰り返し仕入れたことで、累計販売数は数千本に到達している。ところが、あまりの急拡大に、遠藤の会社では仕入れの資金が回せなくなっていた。

仕入れの代金は先払いだが、販売代金を回収できるのは数カ月先。大手通販では半年先ということもあった。スカーゲンの販売本数が急速に伸びていくが、遠藤の個人商店であるイーコンセプトには資金負担が重すぎる。

その点、青山が社長を務めるエムズ商事は一九八〇年代から商売を続けてきた輸入会社で、資金には余裕がある。エムズ商事で一旦、大量の商品を海外から仕入れておいてもらい、その在庫から、遠藤が必要な数量だけ手数料を払って受け取る。カネに余裕がなかった遠藤にとって、青山は中間卸の役割を担ってくれる貴重な存在だった。

「おカネのことはいいのよ。それより、合併の件は真剣に考えてくれてる？」

青山と取締役の石崎篤の二人で切り盛りするエムズ商事だが、両者ともすでに六〇代になり、「引退後」を考えていた。青山は海外ブランドを手掛けてきただけあって、高価そうな服やアクセサリーを身に纏《まと》っていて年齢より若く見えるが、出会った頃のように精力的に事業を展開することはなくなっている。二人とも、できるだけ早く、若い遠藤を後継者に据《す》えたいと考えていた。だから、遠藤が先輩と仲違《なかたが》いしてリベルタを飛び出した時も、そのままエムズ商事に来るように誘ってきた。

迷ったが、その時は、自分で会社を経営したいと考え、二〇〇三年にイーコンセプトを立ち上げた。それでも、将来、一緒になる可能性はあると考え、五反田にあるエムズ商事の近くにオフィスを構えた。

それは正解だった。スカーゲンの一モデルを扱って、通販で爆発的な成功を収めた裏で、エムズ商事にすっかり資金面で支援してもらった。

この成功によって、デンマーク本社の経営者とアンデルセンのパーティーで会うことになり、販売代理店の座も摑《つか》むことが決まった。資金需要がさらに拡大していくことは明らかだった。

――これ以上、別々に会社を運営していくこともないだろう。いつか、会社を引き継げるのだから、このタイミングで一緒になろう。

遠藤はついに決断の時が来たと判断した。

二〇〇五年、イーコンセプトとエムズ商事が合併する。その後、社名をフューチャー・コモンズに変更、遠藤はその取締役となり、スカーゲンなどの事業を回していく。

青山も石崎も、遠藤にとっては親のような存在だった。遠藤が二〇代前半の時に、エムズ商事に問い合わせの電話をかけたことが始まりだった。それからというもの、遠藤は海外ブランドの並行輸入をしていた青山や石崎と、一緒に海外に買い付けに行くほどの仲になっていった。

特に、石崎のことは父親のように慕っていた。出会った時、石崎は五〇代でイタリアスーツを着こなす、長身でオールバックの伊達男《だておとこ》だった。その姿に憧れすら感じていた。石崎も、次々と海外の商品を買い付け、ヒットを連発する遠藤を高く評価していた。

会社の引き継ぎも、当初は順調に進んでいるかのように見えた。

二〇〇九年秋、遠藤がフューチャー・コモンズ社の社長に就任する。だが、一つ、大きな課題が残されていた。株式のほとんどを青山が保有する状態が続いており、その株をどう遠藤に引き渡すのか。スカーゲンは、「年一万本でも成功」と言われる海外時計ビジネスにおいて、年間一〇万本を売り上げる巨大ブランドに成長していた。もし株価を算定すれば、当初の想定よりも高額になる。遠藤の資金負担が重くなることが予想されるため、会社が保険金を積み立てて、満期になったらその資金を使って、遠藤が株を買い取っていく計画を立てる。

そんな中、不吉な兆候が出てくる。

スカーゲンのカーステンが来日して、遠藤のもとを訪ねてきた。

「実は、新しい経営トップが入ってきて、オレはお払い箱にされたよ」

「まさか」

遠藤は、カーステンの飾らない人間味溢《あふ》れる性格を気に入っていた。大柄で熊のように太っていて、およそ欧米の経営トップには見えない風貌だった。遠藤はデンマークに出張した時、たびたび彼の家に泊めてもらった。人が良すぎるから、冷徹なビジネスの世界に合わず、クビになったのかもしれない。

「それで、伝えておきたいことがある。ドイツが代理店契約を失ったことは知っているよね」

「もちろん、スカーゲンの各国の代理店の間では噂になっている」

カーステンは遠藤の目を正面に見据《みす》えた。

「次は遠藤さんの番かもしれない」

カーステンは、わざわざ、この忠告をするために日本まで来てくれたのか。確かに、カーステンに代わって経営トップにスカウトされた男は、金属フレームのメガネをかけた、いかにも「切れ者」という風貌だった。何事も数字を示して、理詰めで要求してくる。遠藤も、ドイツの一件を知って、その脅威を感じてはいた。だが、フューチャー・コモンズ社は日本において、スカーゲンの直営店を展開している。さすがに、販売ネットワークを築いているのだから、簡単には切れないだろう。新しい経営者も、損得勘定をはじけば、フューチャー・コモンズ社を使い続けた方が、販売数量がさばけると判断するはずだ、と。

その確信を高める出来事があった。デンマーク輸出協会賞およびヘンリック王配殿下名誉勲章の受章だ。

受章は当初、遠藤個人を対象にしていた。スカーゲンやヌーン・コペンハーゲン、ローゼンタール・コペンハーゲンといったデンマークの時計を日本に広めた功績を認められてのことだった。

――王室から受章したとなれば、さすがにスカーゲンも代理店契約を切るような手荒なことはできなくなる。しかも、授章式にはスカーゲンの創業者も招かれる。これで、盤石《ばんじゃく》の防護壁を築いた。

遠藤はそう確信して、招待者リストを作成していた。夜には盛大な受章パーティーを開催する――。しかし、絶頂の裏で、様々な思惑が蠢《うごめ》いていた。

五反田のオフィスで石崎が言った言葉を、遠藤は最初、理解できなかった。いつもの軽い調子で、石崎はとてつもないことを言い出した。

「だから遠ちゃんさ、この受章の対象に青山さんも入れてもらえないか、ってこと」

時計ビジネスに、青山はまったく関わっていない。

「いや、今回は個人に対する表彰ですから。それは無理ですよ」

「遠ちゃん、そこをなんとかならない。青山さんも、この受章があれば花道になると思うんだよ」

青山は社長の座こそ遠藤に明け渡したものの、代表取締役会長の肩書で、実質的に組織のトップに就いている。株の引き渡しの方法も含め、打ち合わせは遠藤と石崎と会計士の三人で話し合うばかりで、青山は参加していない。

——もしかしたら、青山さんは会社を譲る気がなくなっているんじゃないか。事業のほとんどを輸入時計が占める状態で、彼女の活躍する場所はない。その状態が面白くないのかもしれない……。

二〇一一年一一月、東京・代官山のデンマーク大使館。授章式には、デンマーク皇太子夫妻に並んで青山の姿があった。デンマーク側に「組織での受章は可能か」と伝えると、それを遠藤のたっての願いと受け取ったのか、表彰が会社に贈られることになった。

授章式に、スカーゲンの創業者、ヘンリック・ヨーストも出席していた。

「ミスター遠藤、おめでとう」

ヨーストはそう言って、グラスを上げる。遠藤も軽く会釈をして、グラスを合わせた。

夜のパーティーでは、北青山のレストランに一〇〇人近い招待客が集まった。会社関係者や取引先の業者がひしめき、遠藤の両親や妻、子供たちも参加していた。一世一代の晴れ舞台となる夜だった。

黒田も大阪から駆けつけて、大使館での授章式から出席していた。

「また、デンマーク大使館から封筒が来ちゃって、今回は遠藤さんからだと分かってはいたけどね。でも、まさか王室から表彰されるとは思わなかったよ」

宴の喧騒は夜通し続いた。遠藤は「北欧時計」というジャンルを日本で確立し、その地位を不動のものにしたと確信した。

まさか、晴れ舞台となったデンマーク大使館から、驚きの一報が届くとは思いもしないで……。

授章式からわずか二カ月後の二〇一二年の年明け、デンマーク大使館の職員から電話が入る。

「ミスター遠藤、昨年はありがとうございました」

新年の挨拶を交わしながら、遠藤は何か違和感を覚えていた。わざわざデンマーク大使館が、年賀の電話をかけてくるはずがない。

「ところで、スカーゲンの噂はご存知ですか」

「噂？」

何のことか分からない。そう言えば、ここのところ連絡を取っていない。

「そうですか、何も聞いていませんか」

こちらが何も知らないことに、少し狼狽《うろた》えた様子が声から読み取れる。しばし沈黙が流れる。

「いや、ちょっと耳に入ったことなので、確かなことではないのですが、アメリカのフォッシルがスカーゲンを買収するという話が流れています」

「まさか」

意表を突かれた。スカーゲンが、ドイツなど他国で始めたように、日本でフューチャー・コモンズ社との代理店契約を打ち切って、直接販売する形に切り替える事態は想定していた。だからこそ、以前から日本にスカーゲン専門店を展開し、代理店契約を切りにくくする対抗策を取っていた。

だが、スカーゲンが会社ごと、大手企業に吸収されることは想定していなかった。

スカーゲン本社に連絡を取っても、経営陣にはつながらない。電話に出た者が「何も聞いていない」と繰り返すばかりで、埒《らち》が明かない。

他国のスカーゲン代理店とも電話で連絡を取り合うが、確たる情報を摑《つか》んでいる者はいない。

「どうなっているのか」「こっちも連絡が取れない」

各国の代理店も、スカーゲンのオーナー、ヨースト夫妻や経営トップと連絡がつかない状態だった。

——これは、バーゼルフェアで捕まえるしかないな。

三月に開催されるバーゼルフェアならば、世界の時計業界のトップが揃う。スカーゲンも例年通り、参加する予定になっていた。

フェアの当日、スカーゲンのブースで、創業者のヘンリック・ヨーストは何事もなかったかのように、「みなさん元気でしたか」と挨拶を始める。そして、例年通りのスカーゲンの物語や商品説明に終始して、舞台を去ろうとする。

遠藤がヨーストに詰め寄る。

「ふざけるな。そんな話よりも、先に説明しなければならない話があるだろう」

強い語気に圧《お》され、ヨーストは「ちょっと、こっちで話そう」と、遠藤を奥の会議室に通す。

「ミスター遠藤に叱責されるとは思わなかった」

ヨーストは困惑とも懇願ともとれる表情を作った。

「フォッシルへの売却の話はどうなっている。その噂で、世界の代理店が混乱しているじゃないか」

「いや、まだ何も決まっていないんだ」

――何も決まってない、ということは、やはり交渉は始まっているわけだ。

「いつ、決まるのか」

「いや、決まるかどうかすら分からないんだよ。ある主要国で、フォッシルとスカーゲンが一緒になると独占禁止法に引っかかる可能性が出ている。そうなると、売却自体が成立しない」

いかにも、ありそうな話ではある。これ以上は、企業のM&A案件だから話せないのだろう。

しかし、一つはっきりしたのは、スカーゲンがフォッシルに売却される交渉が進んでいるということだ。残るハードルさえ越えてしまえば、売却が成立してしまう。

その最悪の事態が、ほどなくしてやってくる。

四月、ついに買収が成立したという噂が流れる。だが、スカーゲンからは何の連絡も入ってこない。

そんな中で、アメリカのフォッシルから女性ヴァイス・プレジデントが、はるばる遠藤を訪ねてやってきた。

「世界の代理店の中で、直接、こうして買収の説明に来るのは日本だけです」

最初に、女性ＶＰはそう切り出した。

「スカーゲンの代理店契約はどうなるのか」

遠藤が単刀直入に問いただす。

「それは、フォッシルが買収したわけですから、当然、フォッシルジャパンが販売します」

それは、代理店契約が消滅することを意味した。

「冗談じゃない。うちの社員たちが路頭に迷うじゃないか」

フューチャー・コモンズ社の売上高一二億円のうち、七割をスカーゲンが稼ぎ出している。当然、スカーゲン事業に関わる社員は少なくない。

女性ＶＰは、ここで用意したカードを切る。

「その問題には解決策があります。あなたがフォッシルジャパンにスカーゲン担当として来てくれれば、優秀なスタッフを連れてくる裁量権があります」

それを言いに来たのか。要するに、引き抜きによって、日本市場を拡大した部隊をそのまま活用しようというわけだ。だが、外資大手の傘下にある日本法人は、単に本国から手足のように使われるだけだ。遠藤は、そんな役回りに収まる気は全くない。

「あいにく、その話に乗るつもりはありません。お引き取りください」


スカーゲン事業、消滅。

フューチャー・コモンズ社の主力事業が突然、消える。この事態は、瞬く間に業界内に広まり、遠藤の下にはフォッシル以外にも「引き抜き」の話が舞い込んできた。

ある大手小売りの出資によって、輸入時計の卸売ビジネスを展開する話もあった。大手小売りの全国の店舗網を使えるので、商品さえ海外から引っ張ってくれれば、売り場は確保されている。魅力的な話にも思えたが、石崎に相談すると、こう泣き付かれた。

「遠ちゃん、いい話だとは分かるけど、うちは潰れちゃうよね。今いる若い子たちはどうするの」

確かに、スカーゲンの後処理は困難を極めた。まず、在庫の山が積み上がっていた。しかも、直営店を展開したため、中途退店になることから違約金も発生する。

オーナーの青山は明らかに不機嫌になっていた。会社のカネを、遠藤が費消している――そう見えてならなかった。

一方の遠藤は、新しい時計ブランドを開拓して、スカーゲンの穴を埋めることに必死になっていた。

ブランド消滅から半年後、デンマークのベーリングの販売権を獲得、さらにその半年後、同じくデンマークのヤコブ・イェンセンデザインウォッチの販売権も得て、次々と新ブランドを立ち上げていった。

売り上げは徐々に回復していく。だが、新しい時計のコンセプトを消費者に伝え、売り込んでいくには、宣伝広告費や売り場の設備費用など、「仕込み」に一ブランド一億円近くかかる。社員たちは新ブランドが立ち上がると活気づくが、青山にとってはさらにカネを注ぎ込まなければならない事態でもある。

「一体、どこまでカネを使うつもりなのか」


「なんか、嫌な予感がするんだ」

国立の居酒屋で、デザイナーの五十嵐とビールジョッキを傾けながら、遠藤は社内の微妙な空気を説明した。

「まあ、遠藤のことが面白くないのは分かるけど、お前を切ることはできないよ」

「まあな」

五十嵐にとって、今や仕事の半分はフューチャー・コモンズ社のデザインになっていた。

だから、遠藤とは週に一回は打ち合わせをしている。遠藤にとっても、国立は会社がある五反田から、自宅の八王子に戻る途中に位置する。だから、五十嵐のオフィスに立ち寄ると、駅に近いこの居酒屋にしょっちゅうやってくる。看板料理のネギの丸焼きをつまみに、二杯目から遠藤は焼酎をロックで飲み始める。五十嵐はサワーを注文している。

おもむろに、遠藤が切り出す。

「やっぱり、人の作った土俵の上で勝負してもダメなんだよな」

運ばれてきたサワーを一口飲んだところで、五十嵐は眉をひそめた。

「いやさ、時計ビジネスは全部、遠藤がやってるんだろう？　新しいブランドも引っ張ってきたし、お前を抜きにして会社は成り立たないよ」

遠藤はタバコに火を付けると、ゆっくり煙をふかす。

「そのブランドだって、いつ、契約を切られるか分からない。やっぱり、自分のブランドを作らないといけないのかもな」

「自分のブランドねえ」

五十嵐は相槌《あいづち》を打ちながらも、心の中ではそのイメージが湧かなかった。

――いくら遠藤でも、時計のブランドを作るのは難しいんじゃないか。すでにセイコーやシチズンがあって、海外ブランドも売り場にひしめいている。

それとも、遠藤には何か秘策があるというのか？

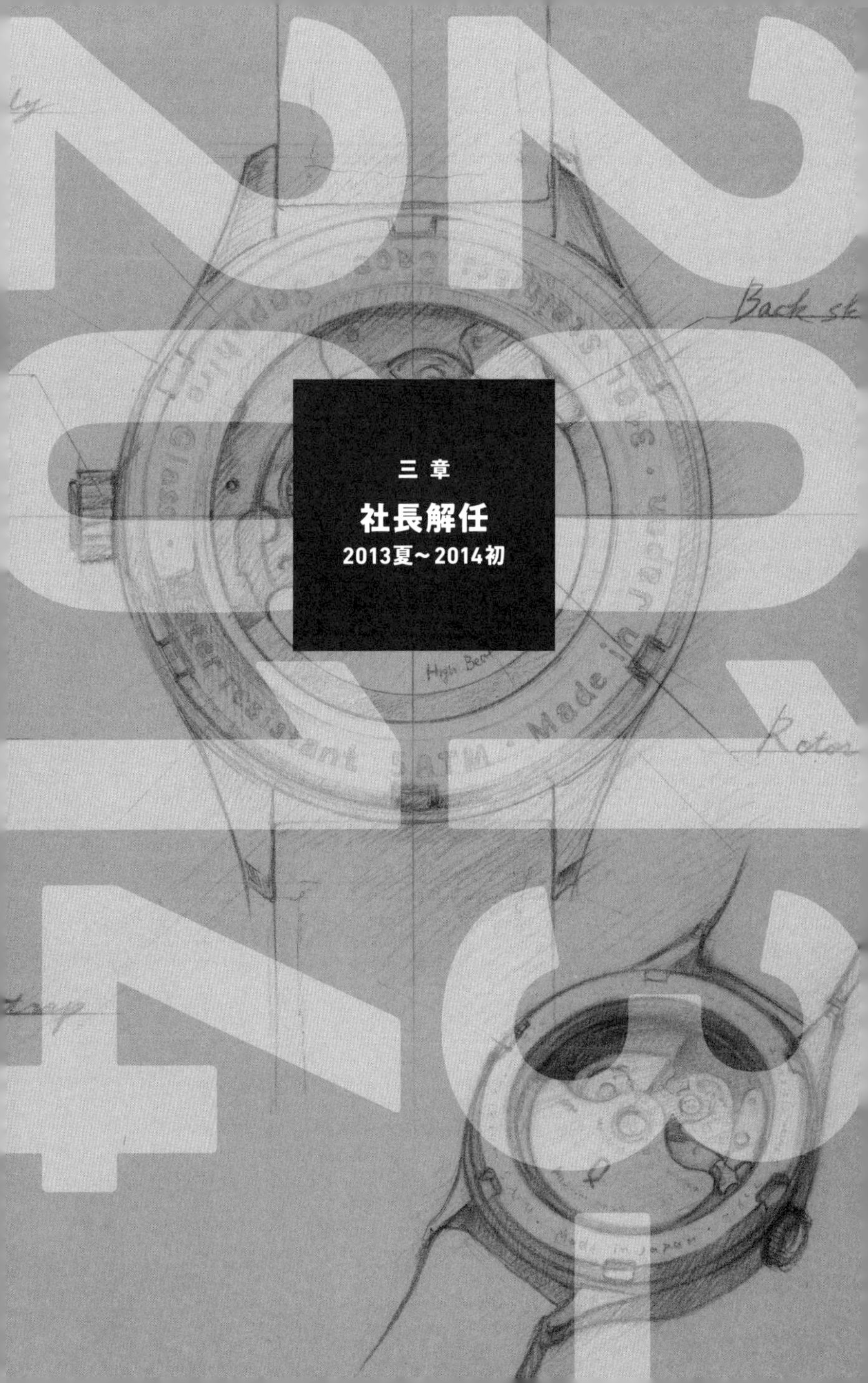

三　章

社長解任

2013夏～2014初

――なんだ、この数字は。

銀行のＡＴＭから出てきた通帳を見て、遠藤は目を疑った。個人口座の預金残高が跳ね上がっている。

三〇〇〇万円近い残高。そんなカネを一つの口座に入れるはずがない。

通帳に記帳された預け入れの記録を追っていくと、異常な数字が目に飛び込んできた。

八月一九日、二三三五万円。振り込んできたのは保険会社だった。

――そうか、これは株を買い取るために会社が積み立てていたカネか。

青山に確認しようとしたが、連絡がとれない。ようやく電話が通じたのは石崎だった。

「石崎さん、私の口座に二三〇〇万円ほど振り込まれたんだけど、これって株を買い取るカネですよね」

会社を引き継ぐために積み立てた保険金が、満期になって振り込まれてきた。石崎はその計画を遠藤と練ってきた張本人だ。

「遠ちゃん、そのことで、こっちもちょっと話がある。来てくれないか」

青山と石崎は、事業部門とは別のビルにオフィスを構えている。社員数十人が業務をするビルの、道を挟んで向かいのビルの一室で静かに時を過ごしている。

部屋に入ると、青山の姿がない。石崎が一人、いつになく険しい顔で遠藤を迎えた。

「端的に言う。社長を辞めてもらいたい」

これまで、もやもやと抱いていた「嫌な予感」が現実となった。

「ちょっと待ってください。いきなり社長をクビにするってどういうことですか」

「いや、クビって言うかさ、社長の任期を延長しない、ということだよ」

遠藤の任期は確かに一〇月で切れる。そうか、彼らは任期満了を待っていたのか。

「これって、もう前から決まっていたんですか」

石崎は、眉間《みけん》に皺《しわ》を寄せながら、どこまで話すべきか悩んでいる。

「遠ちゃんさ、うちはオーナーカンパニーだから。オレもがんばったよ。青山さんを散々説得してみたけど、青山さんがああなっちゃったらダメだから。分かるでしょ。法的には彼女がオーナーだから絶対なんだよ」

青山が決めたことには違いないだろう。だが、父親のように慕っていた石崎も、これほどあっけなく寝返ってしまったわけか。

「遠ちゃんには、実力もネットワークも経験も揃っているから、自分でやった方がいいよ。

この会社で青山さんの下でやっていても、いいことないから。それが、あなたのためだよ」

「じゃあ、僕のためだって言うんだったら、少しは希望を聞いてくれてもいいですよね。しばらく準備期間がほしいんだ」

石崎は首を振った。

「だって石崎さんさ、スカーゲンがなくなって、ようやくベーリングとか新しいブランドが立ち上がってきたところじゃないか。ここで、いきなり僕が辞めたら大変ですよ。あと半年ぐらいやって、軌道に乗せた方が絶対にいいじゃないですか」

しかし、何を言っても通じない。

「遠ちゃん、これは任期満了だから。『半年だけ延長』という話はないんだよ」

完全に、このタイミングを見計らっていたんだな。それにしても、石崎の話ぶりだと、青山の決意はかなり固そうだ。このまま、石崎にいくら話をしたところで、埒《らち》が明かない。

「青山会長と話をしたいんですが」

石崎はため息をつく。

「やめた方がいいよ。もう会ってもいいことはないから」

部屋が静まりかえった。

「あの振り込まれたカネは、退職金ということでいいんですね」

「いや、株を買う話がなくなったんだから、一旦は返してもらわないと困るよ。すぐに退職金として戻すから」

「いつ、返してもらえるんですか」

「そこは、オレを信じてもらいたい」

沈黙がどれだけ続いただろうか。もはや、話すことはない。遠藤は無表情のまま立ち上がって、部屋を後にした。

社長、解任。

ひたすら上を目指して走り続けてきたビジネス人生が、いきなり途絶えて、為すすべもなく真っ逆さまに落ちていった。

これまでも、成功と挫折の連続ではあった。ルミノックスを一年かけて日本市場に根付かせながら、先輩と仲違《なかたが》いして、ブランドを会社に残したまま去った。そして、スカーゲンを年間一〇万本のブランドに育てながら、買収劇によって販売権を失う。その穴を埋めるべく、次々と海外ブランドを発掘したが、その立場も社長解任によって奪われてしまった。

結局、海外のブランドを引っ張ってきて、日本市場で成長させても、育ったところで取り上げられてしまう。

社長解任もそうだ。いくら「経営トップ」だと言っても、大株主の考え方ひとつでその座を追われる。いや、考え方というよりも、気分に近い。

これだけブランド時計を成功させ続けても、自分には何も残らなかった。


全てを失い、八王子の自宅で過ごす日々が続いた。やることは犬の散歩と買い物ぐらいで、あとはリビングで本と雑誌を読み耽《ふけ》った。

救いだったのは、妻がさほど驚くことなく、解任の事実を受け入れてくれたことだ。すでに、雲行きが怪しいことは話していたからだろう。ただ、次に何をやろうとしているのか、そこは気にしている。また事業に突っ走って、躓《つまず》くのは見たくないのだろう。しかも、成功と挫折の上下動の幅が大きくなってきている。

「ほどほどにしないと死んじゃうよ」

いつしか、それが妻の口癖になってしまった。


次のビジネスは、少し前から頭には浮かんでいた。

自分で時計のブランドを立ち上げる。

これまでの失敗の原因は、海外ブランドにしても、経営にしても、人が作ったものの上に乗っかってしまったことだ。そうしている以上、結局は資本の論理に飲み込まれる。

オリジナルの時計ブランドを作る――。

その夢を一〇年近く語り合ってきた男がいた。解任された日に、真っ先に電話で知らせたのも彼だった。

「え、解任された。嘘だろ」

NUTS社長の沼尾保秀は旅先の軽井沢でその電話を受けた。大卒後、セイコーに入社したが、三七歳の時に、自由に時計が作りたくなって独立した。一九九六年のことだった。だが、店舗を作るカネがなく、当時、ようやく立ち上がってきたECで売ることを決めた。そのサイトで、フューチャー・コモンズ社から仕入れたスカーゲンを販売したことがきっかけとなり、遠藤と知り合った。以来、月に一度は遠藤と飲んでいる。だが、これまで、解任の予兆を感じたことはなかった。

「次をどうしようかと思って」

遠藤が電話口でそう言うと、沼尾はこれまで話し合っていた構想がついに動き出すと予感した。これまでは「夢」だから自由に語ってきたが、実現するのは容易ではない。

「電話じゃ何だから、東京に戻ったら、すぐに会おう」

東京・表参道。NUTS本社にほど近いバーに、憔悴《しょうすい》した遠藤がやってきたのは、電話から二日後のことだった。

「まずは前途を祝って乾杯」

沼尾はそう言ってグラスを上げるが、前途が多難であることも、そして、遠藤が失意にくれていることもよく分かっている。

「正直言って、遠藤を解任するとは思わなかったよ。前に飲んだ時は、何の前触《まえぶ》れもなかったよな」

「いや、僕は薄々、こうなる予感はありましたよ。スカーゲンがなくなるわ、新しいブランドの立ち上げにカネを使うわで、青山会長がカリカリしていましたから」

「まあ、その話はもういいか。で、次は自分でやるんだろう」

一杯目のビールを飲み干し、大きく頷《うなず》く。

「もちろんです。もう裏切りはこりごりですから」


話していたのは、時計業界の常識を覆《くつがえ》すモデルだった。

「時計のＪＩＮＳモデル」

二人はそう呼んで、語り合ってきた。時計業界はセイコー、シチズン、カシオの三強と、海外ブランドなどが市場にひしめく。手ごろな価格のモデルは、ほとんど中国で作られている。そして、商社や卸売業者を通して、百貨店や家電量販店など多くの流通チャネルで販売される。

だが、メガネ業界にＪＩＮＳとＺｏｆｆが登場して市場が激変したように、時計業界にもＳＰＡ（製造小売業）モデルを持ち込めるのではないか――。

それが遠藤と沼尾の考えていたことだった。

ＳＰＡとは、企画、製造、販売を自社内に取り込んで、サプライチェーンを最適化するビジネスモデルのことだ。ＧＡＰにはじまり、ＺＡＲＡやＨ&Ｍ、ユニクロ（ファーストリテイリング）など、多くのアパレルが、このモデルで世界展開を成功させてきた。

顧客ニーズを商品企画に反映させ、短い納期で店頭に並べることができる。若者の流行や嗜好《しこう》をいち早く具現化して、提案する――。それは、時計がファッションとして、常に「新しくて、今ほしいもの」になることを意味する。つまり、戦いの土俵が大きく変わる。

しかも、サプライチェーンの中間コストを省《はぶ》くことで、低コスト・低価格を実現できる。ただし、すべて自分たちでコントロールするには、優秀な人材や巨額の資金が必要になる。

それでも、時計業界にＳＰＡモデルをひっさげた企業が出現すれば、業界に強烈なインパクトを与えることになる。それほど、時計市場は旧態依然としたままの状態が続いていた。各社の高級モデルは、年々、価格が上がっていく。逆に安いモデルは中国で作り、時計量販店などで大量に売る。在庫が積み上がれば、大幅に値引きして販売する。

その夜、遠藤は沼尾と会って、目標を業界変革に定める。

「ＪＩＮＳがメガネ業界を一変させたように、時計業界を破壊するヤツが現れるはずだ。誰かにやられるなら、自分たちでやってしまおう」


九月。退職する直前のことだった。

石崎から「話がしたい」と連絡が入る。五反田の青山と石崎のオフィスに行くと、この日も青山は不在だった。

「石崎さん、珍しいですね。そちらからご連絡いただくなんて」

「いや、遠ちゃん、お願いがあるんだけどさ」

――この場にいたって、まだ何か「お願い」があるのか。

「遠ちゃんに振り込まれた二三〇〇万円、こっちも資金繰りが大変なんで、早く戻してくれないかな」

「あのカネですけど、周囲の人から『いきなり社長を解任する人に戻して大丈夫なのか』と言われていましてね。『書面にしてもらわなければダメだ』と。なので、青山会長が僕に返金するという公正証書を作ってほしいんです」

その瞬間、石崎の表情が強張《こわば》った。

「そこまでする必要はないだろう」

「いや、石崎さん、申し訳ないけど、今までのように信用できませんから。公正証書がなければカネは戻せない」

しばらく時間が流れた。石崎は目を瞑《つむ》って考え、静かに「分かった、少し時間をくれ」と言って立ち上がった。

遠藤も立ち上がって、オフィスを後にした。

——石崎さん、もしかすると、まだ青山さんに退職金として戻すことを言っていないんじゃないだろうか。話すタイミングを見計らっていたら、こっちが公正証書を求めたので、さらに説得が難しくなったのかもしれない。これは、かなりもめるかもしれないな。


それから数日後、再び五反田のオフィスで石崎と会うことになる。

「これを青山さんに書いてもらったよ」

社用のレターに「確約書」と書かれたA４の書類が差し出された。

「これ、公正証書じゃないですよね」

「いや、遠ちゃん、青山さんが書いて実印まで押しているんだから、これで十分でしょ」

これ以上、石崎に何を言ってもダメなのだろう。彼もこれを青山に書かせるために、かなり苦労したに違いない。カネが退職金として戻ってくる期限は三カ月後の一二月下旬と記されている。

「これを信じていいんですね」

「もちろん」

これ以上、この人たちと関わっていても時間がムダだ。

「分かりました。では、失礼します」

遠藤は書類をつかみ、席を立った。


「で、そのカネ、会社に戻したのか？」

国立の居酒屋で、五十嵐は二三〇〇万円を会社に返金した話を聞くと、ビールを噴き出しそうになった。

遠藤がタバコを燻《くゆ》らせながらうなずいた。

「信用していいのかね、その書類とやらを」

五十嵐の突っ込みに、遠藤は首をかしげる。

「しかし、お前が本当にクビになるとは思わなかったよ」

いつもの調子で五十嵐は口走ったが、すぐに後悔した。いつになく遠藤が落ち込んでいる。

沈黙の後、遠藤が思い出したように切り出した。

「ところで、前に話した時計のデザイン、進めてくれないか」

「そう来ると思った。だいたいできてるよ」

五十嵐はそう言って、資料をテーブルの上に置いた。時計とベルトが付け替えられるアイデアを図面化したものだ。時計本体は、できるだけシンプルなデザインにまとめ、特徴的なベルトを組み合わせることで、ファッション性を出していく。

遠藤には、このアイデアの原風景があった。

あれは、スカーゲンが買収された直後のことだった。シンガポールでスカーゲンの代理店をしていた男を訪ねていった。

「お互い、スカーゲンを失って大変だよな」

遠藤がそう切り出すと、男は首を振った。

「オレはへっちゃらだよ。すごい稼ぎ頭を見つけたから」

それがデンマークのジュエリーブランド「パンドラ」だった。

「遠藤さん、店を見においでよ。きっと驚くと思うよ」

週末、遠藤はパンドラの店舗に足を運んで絶句した。宝石店に若い客が押し寄せている。ディスプレーの上にチェーンやチャームが並べられ、客がジュエリーを手にして自由に組み合わせている。カップルで来ている客も多く、二人で話しながら商品を並べ替え、女性が気にいった組み合わせを見つけると、男性がプレゼントしている。

「オープンディスプレー」という販売手法だという。これなら、一度買っても、再びチャームだけ買い替えに来る客も多いだろう。

——これは、時計でもできるんじゃないか？

日本に戻って、時計業界に詳しい沼尾に、パンドラの話をすると、身を乗り出してきた。

「実は、オレもセイコー時代に、時計本体とベルトを別に売る提案をしたことがあったよ」

遠藤が驚いた表情を作る。

「いつのことですか」

「二八歳の時だから、一九八〇年代後半、バブル経済の真っ只中でね。だからかもしれないけど、アイデアは軽く却下された」

沼尾も、時計本体とベルトは好きな組み合わせにした方が、消費者が喜ぶと考えていた。売り場で、「この時計に、こっちのベルトが付いていればなあ」という声を聞いていた。

「別々に売ってもらえないの」

「すいませんお客様、時計とベルトで一体となっておりますので」

そう言うと、客は残念そうに売り場を去っていった。

時計メーカーは、本体こそ新しい技術やデザインを考えるが、ベルトには興味がない。そもそも、ベルトは専業の会社に作ってもらう。そこで儲ける気もない。

また、時計本体とベルトはセットになって商品番号が付いている。カスタムオーダーを始めるということは、その管理システムを根本から覆《くつがえ》すことになる。

結局、時計メーカーの論理で、ベルトを交換できないようにしている。

だが、最初から交換可能な時計を作れば、その問題は解決できる。そして、大手メーカーの死角を突くことになる。

しかも、ベルトで魅力的な企画を考えて新商品を出していけば、顧客はファッションとして買い続けてくれる。客は時計本体との組み合わせを確認するために、何度も店に足を運ぶことになる。そこにセールスのチャンスが生まれる。


逆転の論理。

遠藤は、沼尾の体験談を聞きながら、成功の予感を覚えた。


東京・八王子。自宅で夕食の準備が始まる。リビングで雑誌を読んでいた遠藤に、妻がそっと歩み寄る。その曇った表情から、何か問題が起きたことが見て取れる。

「昨日、愛里に、お父さんが社長を辞めたよって言ったの」

遠藤の雑誌を見る視線が揺れた。

「で、何だって」

「何も。ただ、涙を流していた」

前日、長女の愛里がドライヤーを使っていて、調子が悪かった。

「ねえ、これ、そろそろ買い替えじゃない」

そういう愛里に、妻はうつむいて言った。

「もう、そういうおカネの使い方はできないかもしれない」

きょとんとする愛里に、社長解任のことを話した。娘は何も言わず、涙だけが流れていた。

どれくらい沈黙が続いただろうか。愛里はふと顔をあげる。不安な表情でつぶやく。

「私、大学、行けるのかな」

愛里は有名私大の付属高校三年生。成績も優秀なため、このまま行けば希望の学部に進学できる。おカネさえ払えば……。

遠藤はその話を聞いて、ダイニングテーブルに肘をついて頭を抱えた。

年収二〇〇〇万円、妻の実家で二世帯住宅を建てて、近所では「裕福な家庭」で通っていた。三〇代で社長の椅子に座り、部下数十人を動かす国際ビジネスマン……。

その全てを失った。またゼロからスタートする。思ってもみなかった展開になった。

食卓に料理が揃い始めた頃、愛里が無表情のままやってきて席についた。動揺する心の内を探られないよう、冷静に振る舞っている。そう遠藤は思った。少し話をしておこう。

「愛里さ、実はもう次のことを考えているんだ。ずっと温めてきたビジネスがあってさ」

「次って、パパ、早いね。新しいブランド？」

愛理はつとめて明るく応える。

「そう、新しいブランド。これまでになかった日本製の時計ブランドを作る」

そこまで話すと、机の上に、五十嵐が作ったデザインの資料を並べていった。

「何これ、カラフルだね。これってパパが作るの？」

「そう。もう他人のブランドを売るのはやめた」

そして、時計本体とベルト部分を上下に並べて見せる。

「これは、時計とベルトを別々に売るんだ。付け替えができるようになっている。だから、好みや気分、ファッションに合わせて、ベルトを付け替えられる」

愛里がデザインされた時計を見比べて、「この色、いいね」など、あれこれ意見をいい始めた。

「で、パパさ、ブランド名は？」

遠藤は、温めていたブランド名を口にする。

「ＴＴＣでいこうかと思っている」

「は？」

愛里は顔をしかめる。

「いや、ＩＷＣはInternational Watch Companyの略だろう。この時計は東京で作るから、Tokyo Traditional Company、略してＴＴＣ。どう思う？」

――パパらしい発想だ。でも、若い人には何も伝わらないな。

「いいんじゃない。でも、それってよくあるパターンだよね」

娘が気に入らないことぐらい、遠藤もその言葉遣いや表情から痛いほど読み取れる。若い人にも人気のブランドにしたい。あのパンドラのように。

――ＴＴＣでは、どうも若者に受けそうもないな。

「もう一つある。Ｋｎｏｔという名前はどうだ？」

「ノット？　どう書くの？」

スマホを取り出した愛里は、英語の綴《つづ》りを入力していく。

「結ぶ、っていう意味ね。いいじゃん。この時計に合ってる。ブサ可愛《かわい》いよ」

横で会話を聞いていた妻も、娘の表情に生気が戻ってきたことでほっとしている。

「今度は無理しないで、家族だけで続けるような小さな会社にしようね」

「ああ、オレもさすがに疲れた。四〇歳近くになって、また起業するとは思わなかったよ。この前、ママと吉祥寺を見てきたんだが、家に近いし、あそこでやろうと思っている」

あの井の頭公園と、東急百貨店裏のスタバでの光景が頭を離れない。

吉祥寺で、日本を代表する時計を生み出す。武蔵野で育った自分の使命のように感じてきた。


「沼尾さん、あの会社、どうでした」

「いやあ、ダメだった。やっぱり大手の息がかかっているから、新しいメーカーの時計なんか、作っている暇がないってさ」

セイコー出身の沼尾は、時計業界に顔が広い。製造を委託する会社を開拓しようと、遠藤と沼尾は部品工場や組立工場を回っていた。だが、国内の組立工場にことごとく断られてしまう。

二〇一三年の年末のこと。そもそも、この時期は各工場がクリスマス商戦に向けてフル稼働になる。そこにもってきて、数カ月前に東京オリンピックの開催が決まる。日本製の製品が注目を浴びると、国内の時計関連工場はフル稼働することになった。この傾向は、今後も続いていくと見られた。

セイコー出身の沼尾は、かつて見ていた国内の時計生産の現場と、すっかり様変わりしていることに驚いていた。

「こんなはずじゃなかったんだけどなあ。ここ数年で、かなり中国シフトが進んじまったなあ」

秒針や文字盤、メタルベルトなどの部品が中国で生産されていることは分かっていた。だが、最終の組み立ては日本でやらないと「日本製」と謳《うた》えないので、組立工場は国内に踏みとどまっていると思っていた。

ところが、そんなこだわりは急速に萎《しぼ》んでいた。クオーツ時計を日本製にこだわったところで、たかが数万円の商品だ。それなら、中国製でいいじゃないか、と。

その結果、セイコーやシチズンなどの大手は、数十万円する「グランドセイコー」などの高級時計を除いて、ほぼすべてを海外で生産するようになった。

日本に残った時計の組立工場はわずか数社となり、どこもセイコーやシチズンから受注している。そもそも、大手の資本が入っているケースすらある。そこに東京オリンピック特需も加わり、「Ｍａｄｅ ｉｎ Ｊａｐａｎ」は生産キャパ一杯で作っている。

ＯＥＭ生産も考えた。セイコーやシチズンは、他のブランド会社から頼まれて、時計を生産している。外商部門に問い合わせて、新ブランドで日本製のクオーツ時計を作ってもらった場合の見積もりを取った。その数字を見て、遠藤は目を剝《む》いた。

「沼尾さん、これ高すぎませんか」

二人は時計の製造原価を知っている。遠藤は時計本体を一万円台、ストラップを五〇〇〇円程度で売りたいと思っていた。だが、大手二社が出してきた見積もりは、予想の三倍以上の数字が並ぶ。

「これじゃあ、小売価格が五万円になってしまう」

遠藤がうなだれる。しばし沈黙が続いたあと、沼尾が思い直したように遠藤の肩を叩く。

「まあ、これで他の会社が、オレたちの真似をセイコーやシチズンを使ってやろうとしても、できないことが証明されたわけだ」

確かに、同じコンセプトの日本製時計を思いついても、セイコーやシチズンに頼んだところでコスト倒れになる。

遠藤も気を取り直した。

「日本で時計を作ることのハードルの高さを確認することができたし、それだけでもよかったんでしょうね」


生産のメドがたたない中、年末を迎えて悶々とする。

有り余る時間を、自宅のリビングで本や雑誌をめくり、時計のコンセプトやデザイン、ストーリー、事業計画を練り上げていく。

――これからはネットで直接、販売する時代に違いない。でも、カスタムオーダーは、パンドラのようにリアルな店舗で体験してもらった方がいい。だとすると、本社を置く吉祥寺に店を構えるのはどうか。そこで地道にファンを作っていく。そうすればベルトだけでもまた買いに来る。このサイクルを回していく……。

「そのアイデア、いい線ついているよ。若い人をファンにできる」

沼尾に会う度に、遠藤は自宅で考え抜いたアイデアを披露して議論する。沼尾は新しいビジネスコンセプトに賛同しながら、時計業界で身につけたノウハウを元に盲点を指摘していく。

「遠藤さ、時計本体の種類は増やさない方がいいんだよな」

「でも、女性用に小さい時計は作りたいんですけどね」

「いや、それは断固反対だ」

時計本体とベルトの接続には、幅一八ミリのバネ金具「イージーレバー」を使用する予定だ。わずか十数秒でベルトを交換できる。

だが、時計本体を小さくすれば、おのずとベルトの幅が変わる。そうなれば、ベルトの種類が一気に増えてしまう。

セイコーやシチズンは、時計本体の種類を増やしすぎていた。毎年のように新製品を作りだそうとするので、在庫が積み上がり、管理が難しくなっていく。しかも、どこかで在庫一掃セールをかけることになり、さらに利益を食い潰してしまう。

ベルトさえ交換すれば、時計の雰囲気はガラッと変わる。

では、ベルトにこだわるのはどうか。たとえば、様々な日本の文化を織り込む。そして、できる限り完全な日本製を目指す。この頃から、ぼんやりとした思いが、コンセプトの主軸の一つに浮上していく。

「あとは、日本の組立工場を確保することだけですね。沼尾さん、もう候補はありませんか？」

遠藤の問いに、沼尾が腕を組んだ。

「もう、思いつくところは、全部連絡したからなあ。遠藤、ここは中国製で行くしかないかもしれないぞ」

「それか、ＯＥＭで日本製という理念は貫いて、高い時計にするか」

「でも、遠藤は、若い人がファンになるようなエントリーブランドにしたいんだろう。ＯＥＭじゃあ、コンセプトに合わない」

二人でため息をついた。

日本製で、若い人を引きつける時計ブランドを作る——。

その目標は、のっけから暗礁に乗り上げてしまう。


「で、いつまでこうしているの？」

八王子の自宅のリビングで、妻は息苦しさを感じ始めたようだ。年が明けて二〇一四年となったが、いまだ組立工場が見つからない。正月休みが終わっても家に籠《こも》っていた。

これまで、遠藤は世界を飛び回って、自宅にほとんど居なかった。だから、専業主婦の妻は、昼間の時間帯、自宅が自分一人の安らぎの場だったのだろう。ところが、夫が一転して、毎日、ダイニングテーブルで本や雑誌を読み耽《ふけ》っている。

仕事がおかしくなると、家庭にも影響が出るものだ。妻だけではない。長女は次のビジネスの話をしてから、少しは落ち着いたようだが、その下の息子はふてくされた様子を見せる。中高一貫校に通うが、成績が振るわず、担任から「転校先を探すように」と絞られたらしい。

だが、いくら焦っても、時計を作ってくれる組立工場がなければ、何も始まらない。犬の散歩と買い物しか、やることがない。

「パートに出ようかなあ」

妻がそう言い出して、遠藤は動揺した。これ以上、自宅に籠《こも》っていると、妻の方が追い詰められてしまう。

「ちょっと出かけてくる」

そう言って、自動車のキーを手に、家を飛び出した。当てもなくハンドルを握る。見慣れた風景を過ぎると、行き着いた場所は、いつものTSUTAYAだった。

――オレは、ここしか行く場所がないのか。

ハンドルに突っ伏して、しばらく動けなかった。だが、ほかに行くあてもない。エンジンを切って、いつもの雑誌売り場に歩いていく。

――今日は、もうモノ雑誌を見るのはやめよう。気が滅入《めい》る。まずは、犬の雑誌でも見るか。新ブランドの構想がポシャったらトリマーになればいい。大好きな犬と、長い時間を過ごすことができる。いい人生じゃないか。

だが、一通りペット雑誌のコーナーで立ち読みしてみたが、時間は消費できない。そうして雑誌売り場を移動していくと、結局、モノ雑誌に近づいてしまう。

手にしたのは『コンバットマガジン』。軍隊や兵士の装備品などを紹介する雑誌だ。ペラペラとめくると、そこに「自衛隊腕時計」が紹介されている。無骨な「デカ厚《あつ》」のデザインで、陸海空それぞれのモデルもある。価格は一万円程度と、手が出しやすい価格から揃っている。

次の瞬間、遠藤は目を疑った。

日本製――。

おかしいな。セイコーやシチズンにOEM生産で作らせたら、こんな価格は打ち出せないはずだ。どうやって作っているんだ。

とりあえず、一個、買ってみよう。雑誌を持ってレジで支払いを済ませると、急いで自宅に向かった。

「沼尾さん、ケンテックスっていう会社、知ってる？」

表参道の喫茶店で、久々に沼尾に会った。自宅で針のむしろのような生活を続けていると、都会の喧騒が逆に落ち着く。

「ああ、知ってるよ。香港の会社だろう。創業者が橋本さんといって、元セイコー系の技術者だから」

「この時計、そのケンテックスっていう会社が作っているんですよ。日本製として」

そう言って、自衛隊腕時計を見せる。

「えっ」

沼尾は驚きを隠せなかった。

「文字盤にＭａｄｅ ｉｎ Ｊａｐａｎって入っていますよね」

遠藤が言う通り、文字盤の下の方にそう記されている。沼尾は首をひねりながら、腕時計をひっくり返したり、付けてみたりしている。

「いや、橋本さんはセイコー関連会社の香港駐在で、時計部品の調達を担当していて、そのまま香港で独立したんだよ。だから、日本製が作れるとは思ってもみなかった」

「どういうことですか」

「たぶん、部品を中国で調達して、それを日本に持ち込んで組み立てているんじゃないかな。その手があったかあ」

沼尾は妙に納得した表情で、時計をまだいじっている。

「沼尾さん、この会社を知っていたんなら、早くそこに気付いて、教えてくださいよ」

遠藤の言葉に、「すまん、すまん」と言いながら、沼尾は我に返ったように顔をあげた。

「遠藤、オレ、橋本さん知っているから、すぐに会いに行こう」

早速、日本にある「ケンテックスジャパン」に電話をかける。創業者の橋本憲治は香港在住で、次に日本に来るのは一カ月後だという。そのタイミングで、会う約束を取り付ける。


アポの日まで、一カ月がこれほど長く感じたことはなかった。


年明け、遠藤はもう一つ、大きな問題を抱えていた。

退職金が戻ってきていない。「年末までに戻す」という約束が破られた上に、何の音沙《おとさ》汰《た》もない。

案の定、青山も石崎も連絡がつかない。ようやく電話を取ったのは、遠藤が退社した後、輸入時計事業の責任者を継いだ後輩だった。

「すいません、青山も石崎も忙しくて、私が遠藤さんに対応することになりまして」

――忙しくて電話にも出ることができない、というのか。事業にほとんど関わってないんだから、そんなはずはないだろう。

「退職金を約束通り戻していないことは知っているよね。あのさ、百歩譲って、戻せないなら、そっちから『もう少し待ってください』とか連絡してくるべきじゃないのか」

だが、電話口の後輩は、経営者と先輩との板挟みになって、ひたすら謝っている。

「すいません、忙しかったもので、すいません……」

――こいつに、いくら怒りをぶつけたところで、解決しない。もう、強硬手段に出るしかない。

「分かった。そっちが話にも応じないのなら、こっちにも考えがある。そう伝えておいてくれ」

そう言い残して、遠藤は電話を切った。

法的手段に出るしかない。腹の底から、怒りが湧き上がってきた。

東京・上野のケンテックスの日本事務所。ついに創業者の橋本が帰国し、面会が実現した。

遠藤と沼尾は緊張した面持ちで臨んだ。この交渉が不調に終われば、新ブランドの構想は泡と消えるだろう。

だから、橋本が専務を従えて現れると、遠藤はここぞとばかりに、熱く「日本製の新ブランド」の構想を語り始めた。本体とベルトを付け替えることで、時計の世界に革命を起こしたいこと。また、ベルトに日本の伝統文化を取り入れて、Ｍａｄｅ ｉｎ Ｊａｐａｎを世界に広めたいこと……。

一通り話したところで、沈黙が流れる。

「で、いくつほしいの」

橋本は、ぼそりと聞いた。時計のＯＥＭ生産で、ミニマムは五〇〇個だろう。そのギリギリの数字を口にする。

橋本は専務に目配せして、確認を取る。

「分かりました。では五〇〇個作りましょう」

ケンテックスのビルを出て、上野の街を歩く。

「これで、ついに新ブランドの時計が作れますね」

遠藤は第一関門を突破して、次のビジネスの展開に思いを巡らせている。沼尾はこの機に、かねてから気にしていたことを切り出した。

「遠藤さ、退職金二三〇〇万円の件、どうなったの」

沼尾は、遠藤に頼まれて、知り合いの弁護士を紹介していた。その弁護士から、遠藤が強硬手段に打って出ようとしていることを聞いていた。

「なんか、訳の分からない金額を差し引かれて、戻ってきたんですよ。だから、徹底的に法廷で闘おうと思ってます」

そう語気を強めた。沼尾はその言葉に不安を抱いた。

――そうだよな。こいつは、やられれば、もっと大きな賭けに出て、やり返そうとする。でも、もう賭ける場所は、そこじゃないだろう……。

「遠藤、もう泥沼の闘いはやめなよ。時間と労力のムダだから。それより、新しい時計ビジネスが始まるんだから、そっちに集中しようよ」

寒さの残る上野の街を歩きながら、二人はしばらく黙ったまま歩いた。

遠藤自身、何ごとにも猪突猛進で相手にぶつかっていく姿勢が、周囲を不安にさせていることは分かっている。「死んじゃうよ」。妻の言葉が耳に響く。退職金の数字を争ったところで、大した成果が見込めるわけでもない。ただ、相手に負けたまま終わるようで悔しかった。

「結局、泣き寝入りってことですか……」

天を仰ぐ遠藤の肩を、沼尾が軽く叩いた。

四章

門前払い

2014

東京・国立の五十嵐のオフィスで、パソコンの画面にシンプルな時計のデザインが映し出された。

新しい時計ブランドを立ち上げると決めてから、遠藤は毎週のように五十嵐との打ち合わせに来ていた。少しずつ修正し、デザインに磨きをかけていく。遠藤は、打ち合わせの後、帰宅する途中に「やっぱり、こうしてほしい」と電話やメールで連絡してくる。

――こいつ、まったく妥協せず、自分のイメージをそのまま時計デザインに落とし込もうとしているな。

だが、この日は、五十嵐から提案したいことがあった。先送りになっていた課題を決めるタイミングが来ていると感じていたからだ。時計のデザイン画面を映しながら、空白の部分を指差した。

「遠藤、そろそろ、ここを決めないと。ブランド名はどうする?」

遠藤は頬杖《ほおづえ》をついて画面を見つめたまま答えた。

「もう決まっている。Ｋｎｏｔでいく」

五十嵐はほっとしたような表情で、考えていたいくつかのロゴマークを、画面上に引っ張りだしてきた。

「そう来ると思っていたよ」

当初、遠藤はＴＴＣにこだわっていた。だが、ある時点から、その思いに変化が生じたことに、五十嵐は気づいた。

――何か、ブランド名を決める出来事があったな。

そう感じた五十嵐は、いくつかＫｎｏｔのベースとなるデザインを考え始めていた。この阿吽《あうん》の呼吸が、長年、一緒にやってきた強みでもある。

だから、Ｋｎｏｔがブランド名に決まると、ベースとなるロゴはほどなくして固まった。リボンを結んだような「ブサ可愛《かわい》い」ロゴが。

ほぼデザインが固まった夜、いつもの国立の居酒屋で祝杯を上げる。

「それにしても、よく工場を見つけたな。もう、日本製は無理かと思ったよ」

五十嵐にとっても、自分が仕上げてきた時計デザインが日の目を見ることになり、感慨深いものがある。

「まあ、まだモノが上がってきたわけじゃないけどな」

遠藤はつとめて冷静な言葉を使ったが、ビールを飲むペースは早い。勢いが戻ってきた。

「で、予定通り、吉祥寺で会社を作るのか」

「とりあえず、八王子の自宅で登記する。でも、オフィスは近いうちに吉祥寺で借りるよ」

工場が決まって、ついに構想がスタートする。五十嵐もペースを上げるかのように残ったビールを飲み干した。

「あとは売れるといいな」

五十嵐の言葉に、遠藤はタバコを燻《くゆ》らせながら、昔のように精気に満ちた表情で、こう返した。

「もう、手は打ってある」


東京・渋谷。一九九〇年代から「ＩＴの聖地」として、ネットビジネスの若者たちを引きつけてきた街に、遠藤は通い詰めるようになっていた。

ケンテックスで五〇〇個の生産が決まると、すぐに訪れたのはクラウドファンディング最大手の会社だった。その会社で了承され、ネット経由での資金調達がスタートする予定だった。

だが、思わぬ出会いによって、方針転換することになる。

社長解任から約半年、二〇一四年三月四日にＫｎｏｔを創業する。その翌月、遠藤は創業したばかりのクラウドファンディングの会社を知ることになる。

Ｍａｋｕａｋｅ。ネット広告大手のサイバーエージェントが立ち上げたクラウドファンディング会社だった。

渋谷駅東口から徒歩数分、青山通り沿いにあるＭａｋｕａｋｅの会議室で、入社したばかりの若手女性が対応に出てきた。

——まだ、こっちが創業間もない会社だから若手を付けてきたのか。Ｍａｋｕａｋｅもスタートしたばかりだから、創業間もない会社同士でがっちり組めると思っていたが……。

遠藤は少し当てが外れたと思いながら、Ｋｎｏｔのコンセプトを話し始めようとした時のことだった。いきなり会議室に、取締役の木内文昭が飛び込んできた。痩せ型で、まだあどけなさの残る顔立ちは、見るからに「ＩＴ系の青年」だが、名刺には「共同創業者」と刷り込まれている。

これはチャンスだ。

Ｋｎｏｔのコンセプトをまくしたてる。日本製の時計を復活したいこと、本体とベルトと組み合わせるファッション性によって若者に時計文化を根付かせたいこと、そしてベルトには日本の伝統工芸品を使って世界に日本文化を発信したいこと……。

うなずきながら聞いていた木内は、開口一番、「面白い」と切り出した。

「これは、時計業界の歴史を変える新しいチャレンジなので、ぜひやりましょう」

遠藤は、共同創業者の言葉に「とりあえず伝わった」と思いほっと胸を撫で下ろした。

「で、遠藤さん、いくら必要ですか」

ネット経由で賛同者から資金を集めるクラウドファンディングは、「目標額」を設定している。

だが、遠藤は予想外の返答を口にする。

「いや、とりあえずおカネは必要ないんです」

「えっ」

「手元の資金で五〇〇個、一〇〇〇個は作れますから。創業資金を集めるためではなくて、マーケティングとしてやりたいんです」

遠藤は、Ｋｎｏｔを創業当初はネットで販売して、一年後を目処《めど》にリアルな店舗を開きたいと思っていた。

「ネットで売るには、ネットで宣伝しなければならない。でも、単なるネット広告よりも、クラウドファンディングの方が、思いを伝えやすいし、消費者の反応もすぐに見える」

そもそも遠藤は、腕時計とクラウドファンディングの相性がいいことを知っていた。

海の向こうの米国で、前年にペブルというスマートウォッチが、クラウドファンディングのキックスターターを使って、当時の最高額となる一〇〇〇万ドルを集めていた。

遠藤は、自宅に籠《こも》って書籍や雑誌を読みふける中で、クラウドファンディングの使い方を考え抜いていた。

「木内さんはクラウドファンディングを、賛同者からの募金程度に考えていらっしゃるかもしれない。でも、私からすると、これは、腕時計の先行販売だと思うんです」

これまで海外ブランドを扱ってきて、いつも苦しんだことは、仕入れをする資金だった。大ヒットを飛ばすほど、資金繰りが行き詰まる。そのために、エムズ商事の青山と石崎を間に入れる形にして、仕入れを肩代わりしてもらっていた。それが、結果的に失敗の要因となった。

しかも、ヒットしている商品は、仕入れの数が急カーブで増えていくので、資金負担が大きい。また、ブームが終息した時に大量の在庫が残る危険がある。在庫処分でそれまでの利益が吹き飛んで、最終的に赤字となるケースも少なくない。

だが、クラウドファンディングならば、先に販売代金が入ってくる。理論上、「売れ残り」というリスクも存在しない。

木内は、クラウドファンディングの本質に触れた気がした。

――そうか。先行販売で消費者ニーズをつかめば、やるべき事業と、ニーズがない事業が見分けられる。これは、大企業でも使えるのではないか。担当役員に反対されている新事業を、クラウドファンディングによってテスト販売し、そのデータで役員の判断を覆《くつがえ》すこともできる……。

「遠藤さん、このケースはＭａｋｕａｋｅにとっても重要な節目になるかもしれない。絶対に成功させましょう」

遠藤と木内は、エレベーターの前で握手して別れた。このクラウドファンディングで何かが起きる――。渋谷の人の波に埋もれながら、遠藤はそんな確信に近いものを感じていた。


木内と会ってから二カ月後の六月一三日、Ｋｎｏｔのクラウドファンディングの企画がスタートする。

一万五〇〇〇円～三万円を支払った支援者には、好みに組み合わせたＫｎｏｔの日本製時計が送られる。

「時計業界に新風を！　日本製のプレミアムな腕時計を一万円台から気軽にカスタムオーダー」

そうタイトルを付けて、目標額を「一〇〇万円」に設定した。

クラシックでシンプルなデザインの時計本体には、高級時計に使われるサファイアガラスが搭載されている。好きなベルトも選択できる。他にもクーポン券などの特典を付けた。

スタート直後から「支援」が積み上がっていく。

六月一八日。遠藤は吉祥寺南町に構えたオフィスから抜け出し、行きつけのバーに陣取った。片手に持つスマホの画面を見ながら、その瞬間を待つ。

一〇〇万円、到達――。

わずか六日間で目標をクリアした。そのまま、七月二二日の最終日までに、五〇〇万円を超える支援が集まった。Ｍａｋｕａｋｅのプロダクト企画で、当時の最高額を記録した。

――作る前に、販売してカネが入ってくる。メーカーにとって、どれだけ後押しになるか。もう、Ｋｎｏｔは消費者の支持を得ることは間違いない。

遠藤はＭａｋｕａｋｅで販売数が急カーブで伸びていくのを見て、ケンテックスに電話を入れる。

「追加で一〇〇〇個、作ってください」

電話に出たケンテックスの専務は、電話口で慌てた。

「えっ。まだ最初の五〇〇個を生産しているところですよ」

販売が先行して、生産が後から追いかける。ケンテックスの専務は、時計業界で長く商売をしているが、そんな経験はなかった。

電話の向こうから、遠藤の少し苛《いら》ついた声が聞こえてくる。

「その五〇〇個、いつになったら届くんですか？　買った人を待たせているんですよ」

――これは、えらいことになった。時計ができあがる前から、販売が完了しているのか。この会社、今までの時計メーカーとはまったく違うな。

東京・吉祥寺のビルの一室に構えたオフィスに、ようやく、最初に注文した五〇〇個の時計が届き始めた。すでに、クラウドファンディングで約束していた商品発送の期日から遅れている。遠藤や数人の創業メンバーが、手作業で発送していく。床一面に組み立てた段ボールを敷き詰め、時計やストラップ、そしてカタログなどを、伝票を見ながら入れていく。

そのクラウドファンディングの真っ最中、沼尾が知り合いの渋谷ヒカリエ関係者を口説いて、店舗販売のチャンスを摑《つか》んでくる。八月の二週間、ヒカリエの一階入り口で期間限定のポップアップストアを設けて、販売することが決まる。オープンディスプレーの実験販売とも言える。最初に生産された五〇〇個のうち、クラウドファンディングの支援者に送ったのは二八四個。残りの約二〇〇個を持ち込んでリアル店舗を開き、直接、消費者の反応を見ることができる。

遠藤は愛里の携帯を鳴らす。

「ヒカリエの入り口でポップアップストアをやることになった。そこでバイトしてみないか？」

大学のキャンパスで電話を受けた愛里は、二つ返事で返す。

「やるやる」

――ついにパパが語っていた、ベルトの付け替えを楽しむ店ができるんだ。

八月四日、初日から愛里が店頭に立つ。これまでデザイン資料でしか見ていなかった数多くの時計やベルトが、テーブルの上にずらりと並んでいる。父の夢が物理的に存在していることに、感動を覚えた。

一〇時、ヒカリエがオープンする。入り口にあるため、店の前を人の波が通っていく。最初に愛里が接客したのは、二〇代の女性だった。時計が壊れて、買い直そうと思ってやってきた。気に入ったようで、あれこれ商品を並べて悩んでいる。愛里はこれまで、遠藤と商品について語り合ってきただけに、一通りの組み合わせが、どういう雰囲気を作るのか頭に入っている。

ローズゴールドの時計本体に、メッシュのベルト。その組み合わせを提案すると、気に入ったらしい。

「すごくいい感じ。……でも、ほかの店も見てみたいんですが」

「もちろん、どうぞ。ここは入って最初の店なので、まだいろいろあると思います」

女性は礼を言って去っていったが、一時間もしないうちに戻ってきた。

「やっぱり、さっきの時計とベルトにします」

最初の接客は二万円ほどの売り上げとなった。

外国人も、見たことのない時計の売り方に思わず立ち止まる。時計とベルトを組み合わせる売り場は初体験だからだ。あるフランス人は、サファイアガラスを使った日本製の時計を一万円台で売っていることを知り、ため息をついた。

「この時計をフランスで作ったら、一〇倍ぐらいの値段をとられるだろう」

結局、時計本体で百数十個を販売し、持ち込んだ商品をほぼ売り尽くしてしまった。

ケンテックスにさらに追加で一〇〇〇個をオーダーする。

その夏、東京・立川の昭和記念公園で、打ち上げのバーベキューを開く。遠藤や沼尾、五十嵐といった創業に関わったメンバーが集まった。

クラウドファンディングとヒカリエで成功を収めたことで、ネットでも実店舗でもいける、という自信が生まれていた。ビール片手に肉や野菜を焼きながら談笑する。今後の成長を、誰もが疑っていないかのように。

だが、遠藤は、すでに次の課題が頭をよぎっていた。

それは、ベルトがほぼ中国製で占められていたことだった。革製ベルトは大手ベルトメーカーの中国工場で生産されていた。メタル製やナイロン製のベルトも、中国メーカーに発注していた。

——これでいいのか。

そもそも、ベルトこそがＫｎｏｔの重要なポイントだった。ここでファッション性を出して、何度も買ってもらって儲けるビジネスモデルになっている。そのため、あえて時計本体の利益は低く抑えている。ベルトを企画し続けて、繰り返し購入してもらわなければならない。

盛り上がっている輪の中で、遠藤はそっと沼尾に近づいた。

「沼尾さん、日本製の時計っていう以上、ベルトも日本製にしなければ嘘になるんじゃないかな」

沼尾の箸《はし》が止まった。沼尾は、遠藤が日本の最高品質の素材をベルトに使うため、密かに候補となるメーカーをリストアップしていることを知っている。

「そこは今後の課題だね。でも、遠藤、そこに突っ込んでいくと、コストの問題もあるし、かなりの長期戦になるよ」

遠藤はまた考え込んだ。

「それでも、一つ一つクリアしていくしかないですね」

厳しい道のりだとは分かっていた。だが、挑戦が始まると、それは遠藤の想像をはるかに超えたものだと思い知らされる。Ｋｎｏｔのベルトを、日本が誇る最高の素材に切り替えていく計画は、のっけから躓《つまず》いてしまう。

まずは、中国工場で作られている革バンドを、日本の皮革メーカーに切り替えたい。そこで、日本が誇る伝統的な「鞣《なめ》し」を続けている企業に依頼するため、栃木市に交渉に向かった。

栃木レザー。創業は一九三七（昭和一二）年で、姫路レザーと並ぶ日本を代表する皮革メーカーとして、二〇の伝統的な工程をいまだに守り続けて作っている。石灰漬けによる脱毛に一週間をかける。また、日本最大の一六〇もの木製のピット槽を使った「ベジタブルタンニン鞣し」は他に類を見ない歴史と技術を誇る。濃度を上げながら三〇日間もかけて鞣すと、弾力性と堅牢《けんろう》性を兼ね備え、経年変化が起きる味わい深い革へと仕上がっていく。世界中の高級ブランドから注文が殺到する所以《ゆえん》だ。

——どうしても、栃木レザーを使いたい。

クルマで二時間、栃木市内の本社に着いて、遠藤が用件を告げる。

「日本製の時計を作っているメーカーなのですが、御社の革でバンドを作りたいと思って、お願いに上がりました」

すると、対応に出てきた社員は、「だめだめ」と手を何度も横に振った。

「うちは、既存のお客さんにも納入がままならない状態だから、ムリムリ」

椅子に座ることも許されず、追い返された。

ナイロンベルトを中国製から切り替えるため、福井県あわら市に本社があるＳＨＩＮＤ

Oとも交渉した。福井まで行って、栃木レザーのように追い返されてはたまらない。そこで、東京・原宿にあるSHINDO東京支店のショールームに出向いた。

SHINDOは服飾に使うリボンやテープなど「小幅」と呼ばれる繊維製品を生産する世界的メーカーで、常に四万アイテムをストックしていて、世界中のどこからオーダーが入っても、数日から一週間で納品対応できる体制を敷いている。実物を確認できるショールームを、東京、ニューヨーク、パリ、上海、香港に展開する。高品質とスピード納品によって、世界の高級ブランドから引き合いが絶えず、アディダスの三本線にも使われている。

対応に出てきた社員は、遠藤の「日本製」へのこだわりを聞くと、いたく賛同してくれた。

だが、いざ商談になると顔を曇らせる。

「うちは一〇〇〇メートル単位での取り引きになりますが、大丈夫ですか」

時計ベルト一本は十数センチもあればできてしまう。

「売り切る自信はありません」

強気の遠藤も、ナイロンベルトだけでその数になれば、在庫の山ができると諦《あきら》めざるを得なかった。

——Ｋｎｏｔが実績を上げていかないと、相手にしてもらえない。沼尾さんの言う通り、日本製のベルトに切り替えるには、かなりの時間がかかるな。

一〇月上旬、Ｋｎｏｔのサイトでネット販売をスタートさせる。

ヒカリエのポップアップストアが終わって、一カ月以上、販売が止まっていたのは、生産がなかなか進まなかったからだ。一〇月になっても、まだ在庫が十分に揃っていない。

——まあ、最初はそんなに売れないだろうから、とりあえずサイトを立ち上げるか。

遠藤はそう高《たか》を括《くく》っていた。ところが、いざサイトがオープンすると、注文が次々と舞い込んでくる。

吉祥寺のオフィスに、再び段ボールが敷き詰められる。妻や愛里も動員して箱詰めするが、間に合わない。休日には沼尾も応援に駆けつけた。

そして、時計本体の在庫が底を突く。

遠藤は、ケンテックスの担当である専務にクレームの電話を入れ続けたが、一向に生産は上向かない。ついに痺《しび》れを切らして、経営トップの橋本に掛け合う。

「申し訳ないけど、担当を変えてください。スピード感が違いすぎる。若い人じゃないと、我々のペースに付いて来られないですよ」

橋本は、Ｋｎｏｔが受注を伸ばしていることを知っている。今の時計業界に、新しいメーカーとして食い込んでいく可能性を感じる。このプロジェクトは続けた方がいい。

「分かりました。じゃあ、息子の直樹にやらせましょう」

橋本直樹は化粧品メーカー勤務を経て、ケンテックスの日本法人の社長を務めていた。まだ三二歳と若く、四〇歳になったばかりの遠藤と組めば、ケンテックスの体制も若返る。生産のリードタイム短縮とコスト削減――。遠藤は直樹に、その二つを達成するよう要請した。

その直樹は、担当になって、Ｋｎｏｔの生産体制の現実を知って愕然とした。

Ｍａｄｅ ｉｎ Ｊａｐａｎを謳《うた》うため、国内の二社に組み立てを依頼していたが、シチズンの時計も手がける組立大手の宮川プレシジョンがＫｎｏｔの生産を断ってきた。

「手間がかかりすぎるし、採算が合わない」

Ｋｎｏｔの時計は薄さを追求するため、裏蓋《うらぶた》が小さく、ほこり一つ取り除くにも、いちいち表面のガラスを外さなければならない。また、年末にかけてシチズンの生産が増えていく中で、新興メーカーの時計を作る余裕を失っていた。

そうなると、ケンテックスが日本国内で生産できる発注先は、埼玉県の小さな町工場にある五メートルほどの生産ラインだけになってしまう。これは、ケンテックスが自衛隊モデルを発売するために、「さすがに中国製ではまずいだろう」と、町工場に頼み込んで作ってもらったラインだった。そこには、設備を増強するスペースはない。

さらに問題は、部品の納期が大幅に遅れていることだ。Ｋｎｏｔの部品は、香港のケンテックス本社を通して中国企業に発注している。もともと自衛隊モデルなど「デカ厚《あつ》」の時計を生産するため、耐久性や堅牢《けんろう》性を重視して部品メーカーを選んでいた。そのため、リードタイムは長い。だが、Ｋｎｏｔが求めているのは、需要に合わせて生産する柔軟性とスピードだった。

一二月上旬、吉祥寺のＫｎｏｔのオフィスでは、遠藤や沼尾が商品の箱詰めをしていた。ケンテックスの直樹も手伝いにやってきた。しかし、在庫が底を突いてしまう。

「今年はもう生産できないと思います。すいません」

直樹が頭を下げる。遠藤は、需要があるのに売れないというジレンマに陥って、苛立《いらだ》っていた。

「そう言われても、ネットで販売しちゃっているからね。早く作ってもらわないと、また発送延期のお知らせをしなければならないんだよ」

遠藤の厳しい言葉に、直樹はある決断を口にした。

「年明けから香港に行って、中国メーカーを納期が早い会社に一新しようと思ってます」

ケンテックスが時計部品を依頼している中国メーカーでは、Ｋｎｏｔの要求するリードタイムはいつまで経っても実現できない。父親が開拓したメーカーなので、父にはしがらみを断ち切って、新たなメーカーを開拓することは難しい。直樹が乗り込んで、改革するしかない。

「そうか。でも、日本の組立工場の方は大丈夫なのか」

遠藤は部品生産よりも、最終の組立ラインがボトルネックになる危険の方が大きいと考えていた。ケンテックスが使っている埼玉の小さな町工場だけで、急増するＫｎｏｔの組み立てを支えられるとは思えない。

「それも、香港から月に一回ぐらいは日本に戻って、新たな組立拠点を作るようにがんばります」

――本当に、二つのミッションを同時にこなせるのか。

遠藤は一抹の不安を抱きながらも、直樹の踏ん張りに賭けるしかなかった。

「じゃあ、まだ一二月半ばだけど、在庫もなくなったし、これで仕事納めにするか」

そう言って、直樹の壮行会を開くことにした。吉祥寺駅前、昔ながらのバラック商店街「ハモニカ横丁」に隣接する居酒屋で、創業メンバー数人が直樹を囲んでささやかな祝杯をあげた。

期待と不安が入り混じりながら、Ｋｎｏｔの一年目が終わろうとしている。社員たちは、そのまま年末年始の休暇に入る。

だが、遠藤にはまだ一つ、大きな決断が残されていた。

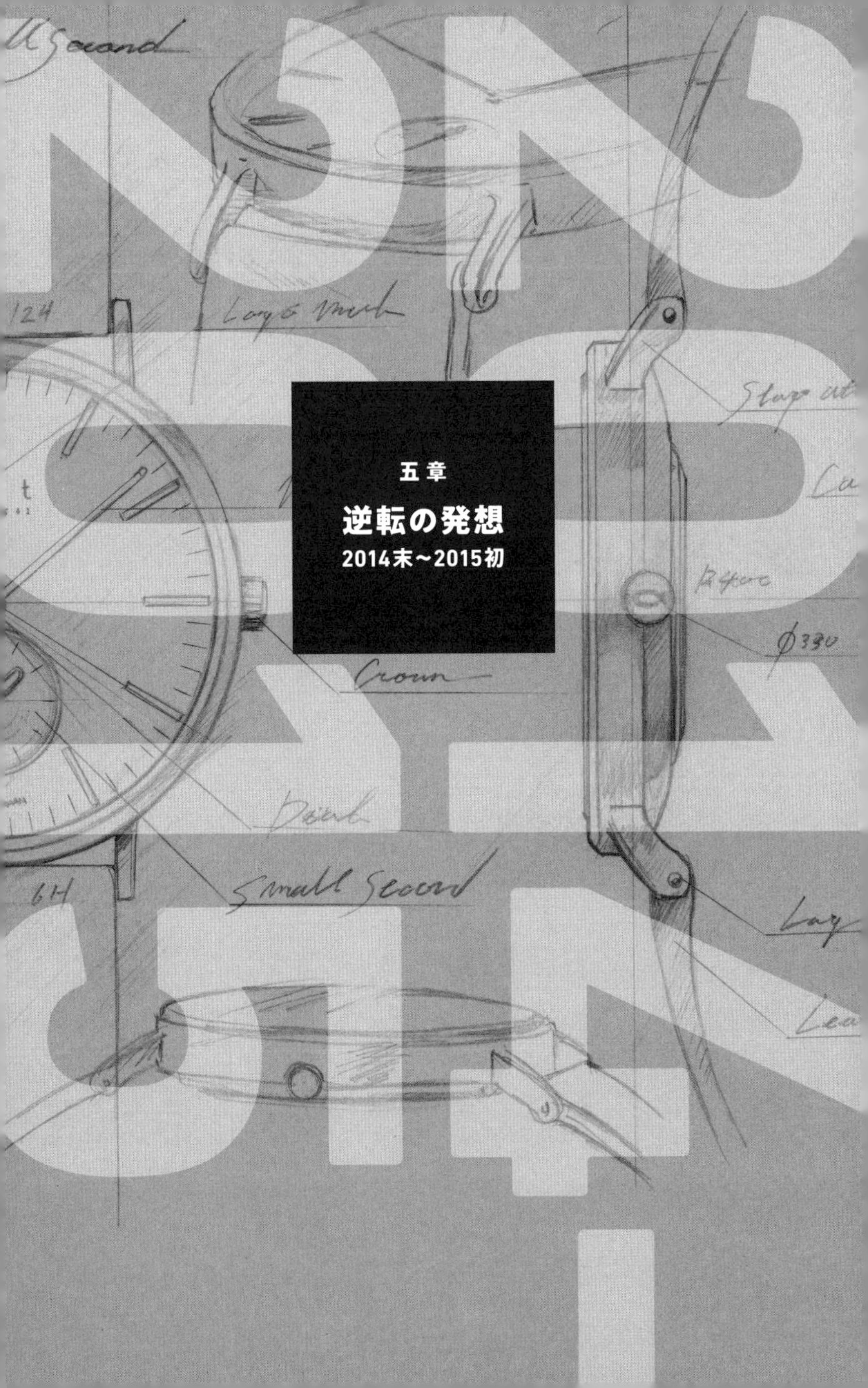

五章

逆転の発想

2014末〜2015初

二〇一四年の年末。吉祥寺の東急百貨店の裏で、遠藤は娘の愛里とスターバックスのテラス席に座っていた。

肌寒い風が吹き抜ける中、コートを着込んで屋外でコーヒーをするのには理由がある。

一号店をどこに出店するか――。

この「東急裏」は海外アパレルブランド店や、洒落たレストランが集積している。成蹊大学に通う学生も通ることから、カフェや雑貨店も多く立ち並ぶ。

この東急裏の一等地に、ガラス張りの空き店舗がある。そこが一号店となる「吉祥寺店」の候補だった。

だが、もう一つ、候補地があった。

スタバから西に歩くこと約三分、住宅街の中に建築中のマンションがある。その一階は駐車場になる予定だが、オーナーと交渉すれば、今から店舗に変更することも可能だという。賃料は半分程度で済む。

だが、そのマンションを見て、愛里は店舗になる想像がつかなかった。

「パパは、どっちがいいと思う？」

「普通は、人通りが多いガラス張りの一等地を選ぶだろうな」

――「普通は」と言うってことは、パパ、あえてマンションを店にするつもり？

「あのマンションは、ちょっと店になるとは思えないけどなあ。人通りもないし」

「でも、住宅街に店があった方が、見つけた時の喜びは大きいんじゃないか。住宅の中にKnotがあれば、インスタ映えするし話題になりやすいと思う」

住宅の中から小さな店を探して、写真を撮り、友達に自慢する――。

「バッドロケーション戦略」

遠藤はそう呼んでいる。わざと、路地裏の見つけにくい場所に店を開き、人伝《ひとづて》に広めていく。そこまで聞くと、愛里も「まあ、それもありか」と思えてきた。

ついにKnot一号店の出店が決まった。二〇一五年三月四日オープン。奇しくも、創業のちょうど一年後のことになる。

東京・渋谷の高層ビルで、Makuakeの木内は遠藤の「吉祥寺店」の話を聞いて興奮が収まらない。つい半年前に、Knotの最初の時計を売り始めたのはMakuakeだった。それが、あっという間にリアルな店舗を吉祥寺にオープンする。しかも、遠藤は、来年の開店前に、オープン記念のクラウドファンディングをやりたいという。

「もちろん、全力で応援しますよ。ただ、一つだけ計画を見直してほしい所があります」

そう切り出すと、木内はこんな提案をした。

「遠藤さん、強引にでも年末からやりましょうよ」

すでに、一二月下旬になろうとしている。世間は忘年会やクリスマスで、仕事はそっちのけになっている。

「いや、うちはもう仕事納めをしてしまったし、無理ですよ」

遠藤がやんわりと断っても、木内は引き下がらない。

「遠藤さん、年末はものすごく支援が集まるんですよ。うちのスタッフが全面的に協力しますから、とにかく年末にスタートさせましょう」

どちらが依頼しているのか分からない状況に、遠藤は苦笑いした。

一二月二六日から募集を始めて、二カ月後の二月二〇日まで続ける。目標は三〇〇万円。

そして、こうタイトルを付けた。

「カスタムオーダー時計のＫｎｏｔが直営店オープン決定。永久会員を募集します」

Ｋｎｏｔの吉祥寺店オープンに合わせて発売する新モデルの時計など、様々な特典を付けた支援を用意した。中でも、Ｋｎｏｔの永久会員の募集が、多くの支援者を集めることになる。吉祥寺店で、永久に五％、一〇％といった割引を受けられる権利や、新モデルに永久会員ナンバーを刻印する特典を付けて、二万円程度の支援を募った。

年末に開始した効果が出て、正月休みにサイトを訪れる人が殺到し、年明けの一月九日には目標の三〇〇万円に到達した。そこからも支援は続く。二月五日、ついに一〇〇〇万円の大台に到達する。

香港にいる直樹は、Ｍａｋｕａｋｅのサイトを見て、支援者が増えていく状況に、追い詰められるような息苦しさを感じていた。

——早く生産体制を強化しないと、販売数に大きく引き離されてしまう。

一月に香港に赴任してから、父のケンテックス・タイムとは別に、ケンテックス・クラフトという新会社を設立していた。父の会社から必要な人材を移籍させ、新たな時計部品メーカーを開拓していく。

つまり、過去のしがらみを断って、新たな「ケンテックス」を創り上げる作業だった。

通常、時計は発注を受けてから納品までに四カ月かかる。まずは部品の生産から始まるが、特に長い時間がかかる部品が時計本体のケースだ。ケースブランクという金属の塊を設計デザイン通りに削り、磨いていく。

父が使っていた中国・広東省のケースメーカーは、発注から納品までのリードタイムが九〇日間だった。これが全体のスケジュールを遅らせる最大の要因となっている。そこで、生産スピードの早い会社に切り替えた上で、ケンテックス自身がケースブランクの在庫を保有することにした。Ｋｎｏｔから発注があった場合、すぐにメーカーのラインに載せることができる。これでリードタイムを七五日間に短縮した。

旧ケンテックスには、一〇〇％子会社の中国工場もあり、数百人の従業員を抱えていたが、新会社は資本関係を引き継がず、新たな調達網を作っていった。しかも、卸しやブローカーを使わず、すべて部品メーカーと直接、取り引きする。コストは下がるが、品質や納期の管理など、部品メーカーのコントロールを自社でやらなければならない。

香港を拠点に、中国の部品メーカーを管理しながら、直樹は日本に新たな生産ラインを立ち上げようとしていた。

二月、直樹は「日本出張」をして長野県安曇野《あずみの》市にある南安精工に向かった。かつて、セイコーエプソンの時計ムーブメントを生産していた会社だが、エプソンが生産を中国に移管すると、時計事業の仕事がなくなり、産業用機械と精密部品にシフトしていた。

直樹は、この会社に時計へのこだわりがあると睨《にら》んでいた。

「もう一度、時計の生産をやりませんか。今、販売を伸ばしているＫｎｏｔという会社があって、生産がまったく追いつかないんです」

そう社長に打診したが、当初は逡巡《しゅんじゅん》していた。

「やりたいという思いはあるし、時計の生産技術も残っている。しかし、組み立てとなると少しノウハウが違うからな」

「そこは、私も微力ながらラインの立ち上げを手伝いますので、検討をお願いします」

結局、南安精工はエプソンの香港駐在だった技術者をスカウトする。中国メーカーに時計組立技術を指導した経験を持つ人材を確保したことで、国内の新ラインを立ち上げるメドが立った。


二月二〇日、Ｍａｋｕａｋｅのクラウドファンディングが終了し、目標の三〇〇万円を大幅に上回る一一八一万円が集まった。

その直後、テレビのニュース番組に、Ｋｎｏｔ吉祥寺店の開店が紹介される。わずかな放映時間だったが、果たして、この効果が出て、客が集まるのだろうか。

夜一〇時近くまでオフィスで箱詰め作業を続ける遠藤は、一緒に作業する愛里と、吉祥寺から八王子の自宅に帰る日々が続いた。バイト代は出しているが、立川のレストランでも働いている。そっちの方が家にも近いし、バイト代も高いのだろう。

中央線はこの時間、通勤帰りの人々で混み合う。つり革につかまって電車にゆられながら、吉祥寺店の立ち上げのことを考える。期待がある一方、不安も大きい。あの場所で、客が来なかったら、店員の人件費が重くのしかかる。

「愛里さ、オープンしたら店に立ってくれないか。暇な時は学校の勉強をやってもいいし、パソコンをいじっていてもいいから」

「まあ、商品コンセプトも分かっているし、ヒカリエでも売ったし、私にやらせるしかないでしょ」

前を向いたまま、愛里は「当然」といった口調で返してきた。遠藤はほっと胸をなでおろす。

——ちょっと前まで高校生だったから、一緒に働くなんて考えもしなかったが、今では貴重な戦力になっている。

あとは、あの場所に客が集まるかどうか、だ。

電車の外には、住宅街が広がる武蔵野の夜景が流れていく。この中から、どれだけの人が、あの小さな店に来てくれるのだろうか。

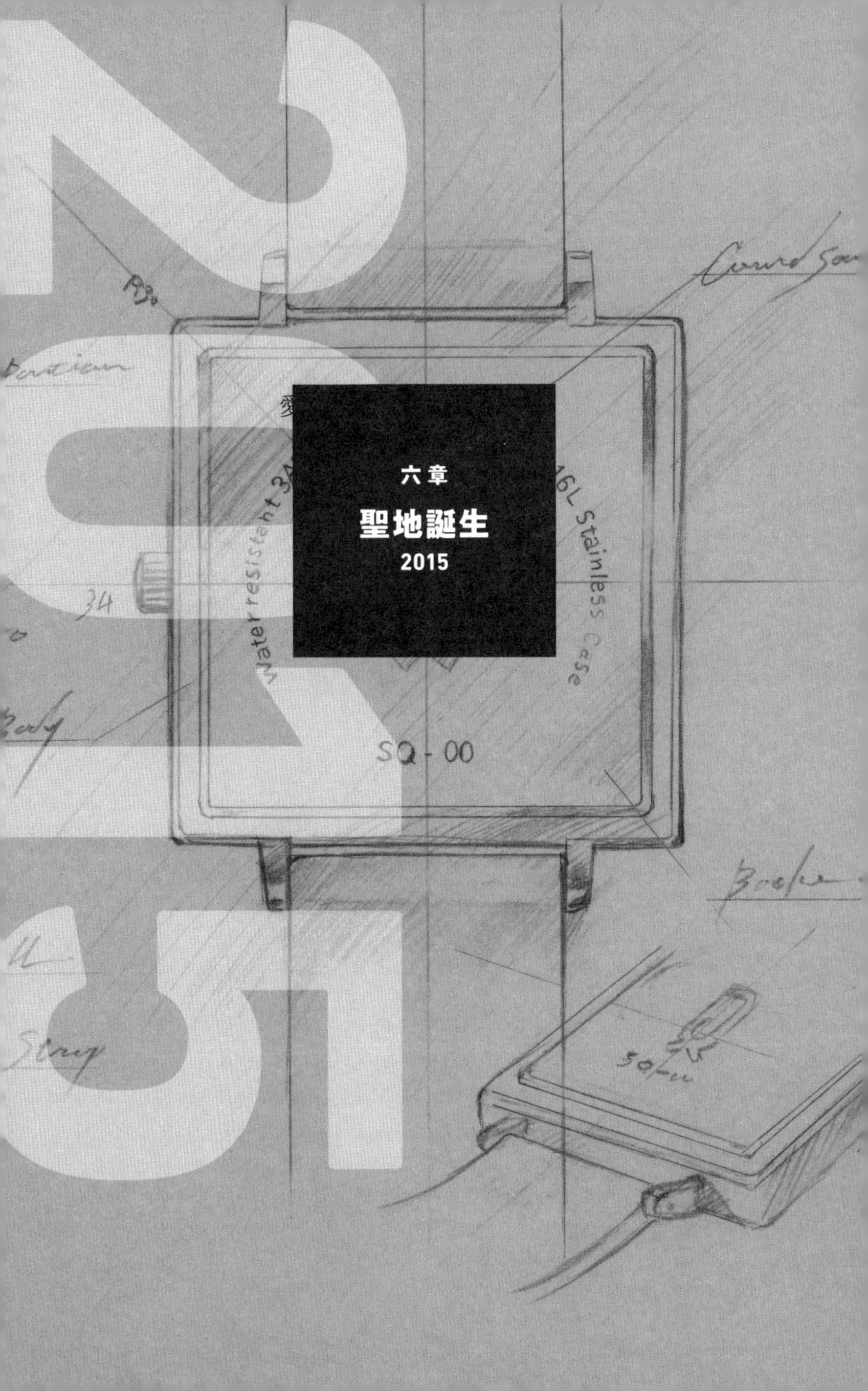

六章

聖地誕生

2015

「よく、こんな場所に人を集めたな」

オープン前、すでに客が数十人、店を取り囲むように並んでいる。

大阪から視察に来た黒田は、肌寒い中、開店を待つ人の群れを見渡した。若者やカップルが多いが、中年男性も混じっている。さらに、記者やテレビクルーの姿もある。

数カ月前、最初に黒田が「ここに一号店を出す」と遠藤に案内された時、正直、大丈夫かと心配した。だが、想像もしなかった光景が展開されている。

オープンと同時に店内はラッシュ時の電車内のように混雑し、身動きが取れなくなった。八坪の小さな店内は、中央にオープンディスプレーの大きなテーブルが置かれ、時計本体とベルトが陳列されている。

種類も増やし、時計本体は一二個、ベルトは六〇種類で、合わせると七〇〇通りの時計ができる計算になる。テーブルの上で、いろいろと組み合わせながら選ぶので、時間が経つほど客が増えて混雑していく。

「遠藤さん、これ、プロモーションの力だよね」

「まあ、クラウドファンディングは当たると考えていましたが、テレビはたまたま運が良かっただけですよ」

――いや、「たまたま」ではないはずだ。かつて海外ブランド時計のビジネスでも、テレビや芸能人を使って、爆発的なブームを作ってきた。卸売りビジネスに徹してきた自分とは違う、人を引きつけるストーリーを作る能力を持っている。

「大阪でも、Ｋｎｏｔは受けるんちゃうかな」

「いいですね。黒田さん、関西はお任せしますんで、いい立地をお願いしますよ」

「本当？　じゃあ、本気で探してみるわ」

黒田は梅田や心斎橋など、思い当たる地域がいくつかある。これは、面白いことになりそうだ。そう思いを巡らせていると、遠藤が、「ただ、問題がありまして」と切り出した。

「今日はなんとか、これだけの商品を揃えましたが、実は生産が追いついていないんですよ」

「どういうこと」

「今は、小さな町工場で生産している状態で、ようやくもう一社、ラインが立ち上がろうとしている所です」

「そうか。Ｍａｄｅ ｉｎ Ｊａｐａｎを謳《うた》っているから、日本で組み立てないとならないわけだ。そりゃ、大変だわ」

「この調子で売れていくと、近いうちに品切れの商品が続出することになります。そこはご承知ください」

――なるほど、売れすぎて困るとは、商売はうまくいかないものだ。

「それは分かったよ。でも、日本製の時計を若い人に広める意義はあるし、大阪店はぜひ、やってみるわ」


吉祥寺店のオープンとともに、駅の南口にあったオフィスを、店舗の二階に移転した。といっても、住宅地にあるマンションの一室である。２ＬＤＫの室内で、遠藤や数人の社員による箱詰めの作業が続いていた。

浴室まで商品が積み上がっているため、シャワーも使えない。徹夜での作業が続くこともあり、シャワーを浴びるためにマンガ喫茶に通った。

娘の愛里もフル回転で働いた。商品知識やＫｎｏｔのストーリーも熟知しているので、これ以上の店員はいない。しかも、箱詰めも慣れているので、閉店後には二階に上がって作業ができる。

「パパにだまされた」

それが口癖になっていた。

「パソコンいじっててもいいって言ってたけどさ、まったくそんな暇がないよね」

だが、遠藤にとって、これ以上のバイトはいない。いかに恨《うら》まれようが、続けてもらうしかない。愛里がバイトに入っていない日は、店が回らない。

愛里が立川のレストランでバイトをしていると、父からの携帯が鳴った。

「今、どこにいる？」

「レストランでバイト」

遠藤は混み合う店内を見回して、イラついた声になる。

「つまり、そっちの時給の方が高いってことか。いくらもらってる」

「一〇二〇円だけど」

遠藤は少し沈黙して、こう切り出した。

「分かった。一一〇〇円出すから、もう、そっちのバイトは辞めろ」


生産は、ようやく南安精工のラインが稼働し始めた。それでも、オンラインストアで増え続ける注文数に、生産がまったく追いつかない。

月に注文が二六〇〇個入るのに対して、在庫は五〇〇個という状況だった。それでも、「在庫切れ」と表示してしまえば、客を逃してしまう。発送予定日を表示して、先行販売していく。

「沼尾さん、生産体制をもっと強化しないとヤバいよ」

遠藤がパソコン画面の販売数と在庫数の数字を見ながら、悲鳴のような声を上げる。

「分かってる。ようやく、一つ、説得できそうな会社が見つかった」

秋田県仙北市にあるセレクトラは、セイコーブランドの時計を組み立てている。沼尾のセイコー人脈を生かした格好だ。セレクトラにしてみれば、セイコーが得意先なだけに、他のブランドを組み立てていいものか葛藤はある。だが、「日本製」を復活させたいというＫｎｏｔの理念にも心を揺さぶられた。

ようやく沼尾は親会社のトップを口説き落とし、工場長と直樹も呼んで打ち合わせをしたところだ。

「近く、組み立てを受けてくれることになったので、南安に続いてここのラインも使えるよ」

沼尾の報告に、遠藤は「朗報ですね」と一瞬、安堵の様子を浮かべたが、すぐに何かを考える表情に変わった。

「でも、今の販売の伸び方を考えると、注文数をこなすほどの生産キャパにはなっていませんね」

「遠藤さ、ここは地道に探していくしかないよ。なにせ、大手時計メーカーが中国に生産拠点を移してしまって、日本に時計作りを支える工場が消えかけているんだから」

日本からモノ作りが消えかけている――。

かつて、世界から羨望《せんぼう》の眼差《まなざ》しを向けられた日本のモノ作りだが、「コスト競争力」という名の下に、海外移転を続けてしまった。これ以上の空洞化は、他国の産業に頼った国家に成り下がることを意味する。モノ作りの灯を絶やしてはいけない。

遠藤が「ＭＵＳＵＢＵプロジェクト」の構想を練り上げたのは、この頃だった。栃木レザーやＳＨＩＮＤＯにはベルトの供給を断られた。だが、日本の伝統産業をＫｎｏｔの時計と結びつければ、互いに相乗効果があるはずだ。

そこで、「ＭＵＳＵＢＵプロジェクト」として、遠藤はベルトに使う日本の伝統工芸品をリストアップした。栃木レザーやＳＨＩＮＤＯを意識した素材のほかにも、京都組紐《くみひも》、倉敷帆布《はんぷ》、児島デニムなどが並ぶ。これらを「ジャパンコレクション」として、日本だけでなく、海外にも打ち出していく。

――日本の伝統工芸は、総じて斜陽になっている。だが、昔ながらの伝統を守り続けて残った会社は、安易なモノ作りが横行する中で、独特の輝きを放っている。うまくそれらをつなぎ合わせていけば、世界中に「日本製」の存在感を示せるのではないか。

クラウドファンディングと吉祥寺店の成功は、小さな細波《さざなみ》として広がっている。そして、少しずつ伝統工芸とのつながりを手繰《たぐ》り寄せていく。

八月、ついに大阪に二店舗目がオープンすることになる。黒田が見つけてきた心斎橋店の立地は、高級ブランドが並ぶ御堂筋《みどうすじ》から西に入った場所だった。洒落たカフェやカジュアルブランドが立ち並ぶ地域で、Ｋｎｏｔ吉祥寺店のように住宅街ではないものの、大通りから一本裏に入った隠れ家的な雰囲気を漂わせる。

心斎橋店のオープンに合わせて、遠藤は、「ＭＵＳＵＢＵプロジェクト」を本格的にスタートさせた。

リストアップされていた「京都組紐《くみひも》」が、この日に発売された。戦後まもなく京都・宇治市で創業した昇苑くみひもが、オレンジや青などの糸を複雑に編み込んだ時計ベルトを完成させて、発売にこぎつけた。

「組紐」とは、絹糸《きぬいと》を複雑に「組み込む」ことで仕上げられた紐のこと。その歴史は仏教伝来の頃までさかのぼる。それ以来、和装の着物を締める華やかな「帯締《おびじ》め」として使われ、ほかにも仏具や茶道具、武具、刀剣の飾りなど日本の伝統工芸に用いられている。色鮮やかな糸を細かく複雑な模様にデザインできることから、古来より高級品の装飾として使われてきた歴史を持つ。

だが、戦後になって、和装の文化は時代とともに廃《すた》れてきた。

昇苑くみひもの社長は、新しい道を探ろうと方針転換を図る。

「和装は需要が落ちていく。これからは積極的に雑貨などの新分野を開拓していこう」

だが、簡単に新たな営業先が見つかるはずもない。会社の業績は、静かに坂道を転がるように落ちていき、反転する気配はない。工場勤務だった八田俊は、上司にこう漏らした。

「この先が見えない。辞めようかと思ってます」

上司は肩を落としてこう言った。

「君が辞めるようだと、もう会社も終わりだな。オレも辞めるよ」

そんな工場でのやりとりを知ってか、社長が八田に声をかける。

「どうだ、販売の現場に立ってみないか」

糸を見るのも嫌になっていた八田は、営業の席に座って、救われた気がした。そして、外からの電話を取るようになる。すると、素人からセミプロまで、モノ作りを手掛けている人たちから、様々な問い合わせが舞い込んでいることが分かった。

「こんな色はできますか？」「少し紐の硬さを変えたいんだけど」

八田は「できません」と言わない。それは、昇苑くみひもの昔からの伝統でもある。客からの問い合わせがあったら挑戦してみる。機械を調整したり、糸の組み方を変えれば、不可能なことなどほとんどない。八田は工場経験があるので、生産現場の無限の可能性を肌で理解している。

特別の注文が入ると、八田は工場に入って機械と格闘する。もし、失敗しても、経験とノウハウが蓄積される。だが、大抵のことは、実験を繰り返せば実現できる。

――そうか、これまで営業しかやったことがない人が電話を受けていたから、規格外の注文を断るようになってしまったんだな。

そして、新しい需要を開拓するために、外の世界に飛び出すことになる。

東京で開催されていたアパレルの展示会に出向いた。そこで出会ったのが遠藤だった。名刺交換すると、遠藤は興味深そうに話し始める。

「昇苑くみひもさんですか。こういう素材で時計ベルトを作ろうと思っていたんです」

思わぬ需要がここにも転がっていた。しかも、時計のベルトに日本の伝統工芸を取り入れるという。

「そのアイデア、面白そうですね」

八田は、遠藤の「日本製時計」へのこだわりに心を揺さぶられた。もちろん、実現が容易でないことは分かっている。組紐《くみひも》をベルトのサイズに裁断すれば、糸はほつれてしまう。

「こちらも、まだ時計本体を日本製にすることの壁に突き当たっています。でも、一緒に挑戦しましょう」

遠藤はそう言うと、握手をして去っていった。

それから一年、忘れた頃に、遠藤から電話がかかってきた。

「八田さん、あの話していた時計、やっと実現しました。なので、組紐のベルトをよろしくお願いします」

八田は慌てて工場に出向き、夜な夜な、時計ベルトを作るべく機械と格闘した。いくつかサンプルは作ってみたが、問題は耐久性にあった。時計のベルトは、手を洗った時など水に濡れることがある。その時の色落ちが気になった。もし、服の袖《そで》に色移りしてしまったら、大きなクレームにつながりかねない。

八田は、遠藤にこう提案してみた。

「絹《きぬ》では色落ちのリスクがあります。素材をポリエステルで作ろうと思うのですが」

間髪を容《い》れず、遠藤が反応した。

「八田さん、和装のストーリーを大切にしたいと思っているんだ。なんとしても、絹でやりましょう」

そして、遠藤は、店員がストーリーや商品特性をきちんと話して販売するので、問題はないと繰り返した。

「分かりました。そういう売り方でしたら、絹でチャレンジします」

八田は「絹でいく」と腹をくくると、様々なアイデアが湧いてきた。染色方法を変え、しかも色落ちを防ぐ固定剤を追加することにした。だが、固定剤を増やせば、素材を傷めてしまう。ギリギリの調整を続けて、心斎橋店のオープンと同時に発売した。

「やっぱり、絹にして正解でしたね。ほかのベルトとまったく違う存在感がある」

遠藤に出来栄えを褒《ほ》められる。これまで夜な夜な人が消えた工場で唸《うな》りながら試作を繰り返した甲斐があった。

「Ｋｎｏｔじゃなかったら、絹《きぬ》で時計ベルトを作るリスクは負えなかったと思います。遠藤さんの言葉で踏ん切りがつきました」

絹の質感を確かめながら、遠藤はもう次の展開に頭が切り替わっていた。

「八田さん、組紐《くみひも》の第二弾をお願いします」

「えっ。もう次の企画を始めるんですか」

――この人は、新しいものを作り続けないと気が済まないのかもしれない。でも、そういう人たちの要望に応えていくことで、老舗メーカーも現代に生き残る道が開けてくる。

八田が客の要望を「断らない」と決めてから、次々と小さなつながりが生まれている。企業から独立して、自分でモノを作り出す職人が増えてきた。麻や綿《めん》といった様々な素材が持ち込まれる。それを八田が実験していくうちに、これまでにない知見が積み上がっている。「昇苑なら、なんとかしてくれる」。その信頼が、さらに新たな需要を呼び寄せる好循環が生まれてきた。

そうして雑貨に活路を見出しているうちに、和装の注文も増えてきた。同業者が次々と廃業しているからだ。他社は安価な商品を大量生産することで体力をすり減らした末に、店を畳んでいる。その需要が流れてきた。

そして、従業員数も増加に転じた。これまで、周辺に住む七〇人ほどの主婦に、内職として手伝ってもらっていた。だが、子育てが終わると、パートに出てしまう人が多い。機械には生み出せない、手作業ならではの質感を次代に伝えていかなければ、伝統工芸は廃《すた》れていってしまう。

「パートにいくのではなくて、うちの社員になりませんか」

そうして仲間を増やし、社内に活気が戻ってきた。

営業と工場がうまく意見をすり合わせて、一体となって考えることができれば、客の提案を実現しやすくなる——。

「工場の人を外に連れ出して、一緒にニーズに触れたい」

八田の思いに、現社長の梶均も呼応する。

「素材と色を組み合わせれば、組紐には無限の可能性がある。君に任せたから、思う存分、やってくれ」

ベルトにストーリーを持たせる。

遠藤がその手法を最初に知ったのは、スウェーデンの時計ブランド、トリワに出会った時だった。時計本体とベルトを別に売ることで、ベルトにも高級ブランドのような物語性を持たせ、時計本体との相乗効果を狙う。

トリワは革ベルトに、スウェーデンの老舗ブランド、タンショーを起用していた。伝統あるタンニン鞣《なめ》し製法で、手間と時間をかけて作られたベルトだった。

――ストーリーを持った新しいベルトの提案を続ければ、何度も店に足を運んでくれるかもしれない。これは、ありだな。

遠藤はその時、日本の栃木レザーのことが頭をよぎっていた。低コストで大量生産する時代になり、短期間に仕上がるクロム鞣しが革業界では当たり前の製法になっている。だが、日本では栃木レザーが昔ながらのタンニン鞣し製法を続けて、世界的な評価を受けていた。

日本には、スウェーデンを超える地場産業のストーリーがあるはずだ。それを映像にして流せば、世界中に伝えられるかもしれない。オープンディスプレーで時計本体とベルトを並べた時、ベルトの生産者の息づかいが聞こえてくるような生産現場のビデオをその横で流してはどうか。

取り外しが簡単なイージーレバーであれば、その場でベルトを付け替えて試すことができる。それは、消費者が自分のストーリーに合った時計を、店頭で組み合わせて作ることを意味する。

それにしても、イージーレバーはなぜ、時計業界に広がらないのだろうか。六〇年前にフランスで生まれた技術だ。すでに、長らく世の中に存在しながら、採用する時計メーカーはほとんどない。それだけ、ベルトの存在を軽視していたということではないか。

だからだろう。業界関係者から、こう言われる。

「日本製の時計を二万円で売っていたら、儲からないでしょう」と。

それは、一回売って、それっきりの商売を続けてきた人たちの論理だ。確かに一〇万円も二〇万円もする時計を買った人は、当分の間は時計を買うことはない。もし、懐《ふところ》に余裕があったとしても、同じブランドを買うことはまずないだろう。

うちの商売は、モデルがまったく違う。

時計本体とベルトで二万円だったとしても、新しいベルトを出し続ければ、交換ベルトを求めて来店してくれる。ネットや電子メールで新作を知らせることもできる。

一〇年以上の時間軸で考えれば、何度もリピートしてくれるファンを獲得した方がいいのではないか――。

そのためにも、顧客との信頼関係が重要になる。関係性を広く、強くしていかなければ、このモデルは成功しない。

思いがけない電話がかかってきたのは、吉祥寺店がオープンした直後のことだった。

「テレビで観たんだけど、おたくは日本製の時計を作っているんでしょう。うちは革ベルトの縫製《ほうせい》をやっているんで、よかったら使ってください」

電話口で高齢の女性がそう言うと、後ろで「いくらでもできるぞ」と言う男の声が聞こえる。

願ってもない申し出だった。栃木レザーなど日本の鞣《なめ》し革を調達できたとしても、国内でベルトの形状に製造できる会社が見つかっていなかった。この女性の旦那が経営する久保製作所は、時計の革ベルト製造を続けてきた会社だという。

——これは、思いがけない展開になってきた。

住所を聞いて、遠藤はすぐにジャケットを摑《つか》んで向かった。

東京・墨田区の会社に着くと、遠藤は茫然と立ち尽くした。

絵に描いたような、下町の町工場。アルミサッシのドアは軋《きし》んで、うまく開かない。

出てきた社長の久保与志雄は、典型的な江戸っ子のべらんめえ調で話す。

「どれだけ作れる？　そんなもん、一万でも二万でもいくらでもできるよ」

聞けば、かつてはセイコーの孫請けとして革ベルトを生産していたという。だが、中国シフトによって、あえなく発注を打ち切られた。

——不安はあるが、セイコーに納入していたのだから、腕は確かだろう。ここに賭けるしかない。

栃木レザーの革をつかったバンドを作りたい。遠藤の思いが、また熱くなってきていた。だが、栃木まで直談判に乗り込んで、門前払いされた記憶が蘇ってくる。もう一度行ったところで結果は変わらないだろう。

そこで、栃木レザーの革を扱っている卸業者に交渉する戦法に切り替えた。

東京・墨田区にあるハシモト産業東京営業所部長の松本正記に一本のメールが届いたのは、夏のことだった。

「Ｋｎｏｔの遠藤弘満と申します」

――時計メーカーというが、知らないなあ。

そう思って画面をスクロールすると、長文のメールが続く。「日本製」の時計産業を復活させたいこと。クラウドファンディングで歴代の五指に入る支援金を集めたこと。そして、吉祥寺に店舗を出して、行列ができていること。

――本当のことなら、面白い時計メーカーが現れたもんだ。とりあえず、会って話をしてみるか。

「メールでご連絡をありがとうございます。

ハシモト産業の東日本を担当している松本正記と申します。

非常に興味深く読ませていただきました。

よろしければ、一度、お会いして話をしませんか」

両国駅から徒歩一五分。街道沿いにあるハシモト産業の三階建てのビルは、かつてネジ業者が使っていた建物を三〇年ほど前に引き継いだものだった。下町の町工場の風情が残る地域だ。

「ここ、久保製作所に近いですね」

遠藤は沼尾にそう言うと、汗を拭《ぬぐ》いながら一階駐車場のクルマの横をすり抜けて入り口のドアを開けた。

二人が通されたのは、二階にあるショールーム兼商談室だった。

松本は名刺交換するなり、「メールを読ませていただきました。久々に熱いメーカーが出てきたな、と嬉しくなりました」と持ち上げる。ハシモト産業は本社が大阪で、松本も生粋《きっすい》の大阪人だが、入社五年目に東京営業所の立ち上げに来て、そのまま東日本を担当し続けているという。

――三〇年も東日本の営業を任されているということは、栃木レザーとの関係も深いはずだ。

遠藤は、ここぞとばかりに、「日本製」の時計メーカーの意義をまくしたてた。これまでのように、時計本体だけで勝負するのではなく、日本の伝統工芸をベルトに使用して、地場に眠っているモノ作りを世界にアピールしたい。そのためにも、日本で最も優れている素材メーカーを採用したいと考えている、と。

「そこで、革は栃木レザーしかないと思っています」

遠藤が思いを語ると、松本は大きく頷《うなず》いた。

「ですが、昨年、栃木の本社に交渉に行ったところ、けんもほろろに追い返されました」

そう言って苦笑いする遠藤に、「そうでしたか」と松本も神妙な表情で返した。

遠藤は、ここで本題を切り出す。

「松本さんの所は、栃木レザーの革を扱っていらっしゃると聞きました。ベルトを作るには、栃木レザーさんの取引ロットのように、二〇頭分なんてとても使い切れません。なんとか、間に入ってもらえませんか」

遠藤の並々ならぬ栃木レザーへの思いに、松本は半端なことはできないと感じた。

「遠藤さん、まず、うちが一枚単位で卸しますから、それで『栃木レザー』と謳《うた》ってベルトを作ったらどうですか」

「直接、了解をとらなくて大丈夫ですか」

「本当のことですから、問題ないでしょう」

——なるほど、その手があったか。

松本は、さらにこう踏み込んで話した。

「それに、近いうち、私が栃木レザーさんを紹介しますよ」

「本当ですか。助かります」

遠藤はそう言って、何度も頭を下げた。

「いや、本当は問屋って、そういう役割を果たさなければいかんと思います」

その考え方はハシモトの創業者からの伝統でもあった。今の問屋は、客から受けた注文を、生産者に投げるだけの存在になっている。それではブローカーではないか、と。

松本はまず、皮革メーカーの仕事がやりやすいように、一色二〇頭分を最初に仕入れてしまう。一頭で二枚とれるので、四〇枚をストックすることになる。そして、消費者が「ほしい」と言うと、一枚単位で販売していく。

つまり、ハシモトが生産者と消費者の間に入ってリスクを負う。だから、手作りの工芸品を作る個人も、ハシモトに革を仕入れにやってくる。

今回の件も、ハシモトが間に入ることで、Ｋｎｏｔと栃木レザーという二つのメーカーが融合し、世界に誇れる「日本製時計」が生まれる。

――こういうケースこそ、我々のような卸業者が、本来の存在意義を発揮する場面だ。

八月、心斎橋店のオープンでは、栃木レザーのベルトも陳列されていた。

遠藤はついに、念願のブランドを「ＭＵＳＵＢＵプロジェクト」に登場させることができた。

――まあ、裏口入学のような感じもするが、スタート台には立てた。

そして、相乗効果が出て来る。栃木レザーのベルトはＫｎｏｔの時計と相性がよく、販売数が飛躍的に伸びていく。

松本の仲介で、遠藤が栃木レザーを訪問した時のことだった。たまたま、本社事務所に社長の山本昌邦の姿があった。山本は革業界では言わずと知れた伝説の男だ。

「山本社長、こちらが日本製の時計を作っている遠藤さんです。栃木レザーの革を使って時計バンドを作り、飛ぶように売れています」

遠藤は挨拶が終わると、そのバンドを山本に差し出した。山本は手で質感を確かめながら、裏返したところで手が止まった。そこに、「ＴＯＣＨＩＧＩ ＬＥＡＴＨＥＲ」と刻印されている。

「今時、革のベルトって、時代錯誤だと思ったけどね」

山本はそう皮肉を言いながらも、まんざらでもない、といった表情を浮かべる。

「でも、若い人を中心に、五〇〇〇円のベルトが飛ぶように売れています」

「えっ、うちの革を使って、たった五〇〇〇円で売っているの」

山本はそう言って、頭の中で計算した。一枚で八〇〇本から一〇〇〇本のベルトが取れるはずだ。採算は合うだろう。

遠藤は価格について、自論を持っている。

「ベルトはTシャツ一枚ぐらいの価格と決めています。つまり、四〇〇〇円から五〇〇〇円ぐらいにしたいと」

――こいつは、商売人として優れているかもしれない。

山本も、かつては商社マンとして世界を駆け巡っていた。北米を中心に輸入牛を買い付け、日本の業者に卸す。商社マンの頃、栃木レザーは納入先の一つだった。

ところが、栃木レザーのオーナーが亡くなり、請われて栃木にやってきた。しかし、オーナー家の村上一族が多角化路線をひた走ったことで、バブル崩壊後に債務負担に耐えきれなくなり、二〇〇四年、足利銀行とともに産業再生機構の支援を受けることになる。

グループ会社は整理され、村上一族に代わって山本が経営トップを務めることになった。昔ながらの伝統的なタンニン鞣《なめ》しを続け、品質には高い評価を受けていた。だが、海外高級ブランドが本国から直接、商品を日本に持ち込むようになり、OEM生産の需要は大きく落ち込んだ。一方、日本にはさしたる「ブランド」がなく、栃木レザーの革を使うような国内企業はほとんどなかった。

ところが、リーマンショックが窮地の栃木レザーを救った。

二〇〇八年、未曾有《みぞう》の不況が世界を襲い、日本でもリストラの嵐が吹き荒れた。その時、企業から飛び出して、自らの世界観を打ち出したハンドメイドの商品を作る人が次々と登場してくる。

彼らは栃木レザーの鞣し革を使うことが多い。そこに、ハシモト産業の果たした役割が大きかった。一枚から販売する問屋があったことで、個人事業として始めた人々が成功を収めていく。手間隙《てまひま》かけたモノ作りが見直されていった。最初は月一枚から始まって、三枚、五枚と使用量が増えていく。そうした波に乗って、栃木レザーも一気に回復基調に転じていった。

百貨店のバイヤーが、「これぞ」というモノを集めてセレクトショップの売り場を作ると、革製品は栃木レザーを使ったものが目立って多い。逆に、流れ作業で作った安価な革は淘汰されていった。

ある意味、Ｋｎｏｔの遠藤は、そうした時代の波に乗ってやってきた一人なのだろう。

こうして何度も栃木まで押しかけて、ようやく自分の所まで到達したというわけか。しかも、ベルトに「ＴＯＣＨＩＧＩ　ＬＥＡＴＨＥＲ」と刻印までして、作り手の思いを広く伝えようとしている。

「遠藤さん、あんた、面白いね。目力《めぢから》もすごいよ」

「ありがとうございます」

「うちも、できるだけのことは協力していきますよ」

山本のその言葉は偽りではなかった。栃木レザーは革製品に詳しい人たちの間では伝説的なブランドとなったため、商品に「ＴＯＣＨＩＧＩ　ＬＥＡＴＨＥＲ」という赤いタグを付ける。だが、時計ベルトは細くて小さいので、赤いタグが入らない。そこで山本は、Ｋｎｏｔ専用の細長いタグを作った。栃木レザーにとって、そんな特別待遇をしたのは、Ｋｎｏｔが初めてのことだった。

だが、念願の時計ベルトを発売する裏で、思わぬ事態が待ち受けていた。

栃木レザーの革を、久保製作所に持ち込んだ。そこで、時計ベルトに縫製して、バックルを付けてＫｎｏｔに納品する流れのはずだった。

だが、届いたベルトは、ノリは剥《は》がれるし、縫い目も乱れている。バックルが付いていないこともあった。遠藤は久保に怒鳴り込みの電話を入れる。

「久保さん、話が違うじゃないか。納期は遅れるし、出来てきた商品だって不良品だらけ。どうなってるんですか？」

だが、久保製作所に送り戻して、直している時間はない。自分で直せる所は直し、バックルを付けていく。沼尾も日曜日に吉祥寺に出向いて、手伝ってくれた。

「久保さん、どうなってるんだ」

遠藤の怒りが収まらない。沼尾はなだめるように言う。

「まあ、セイコーの仕事が回ってこなくなったから、職人はみんな辞めていったんだろう」

「それで、また人を雇ってやっているわけですか。じゃあ、安定するまで時間がかかりますね」

遠藤はそう言ってため息をついた。

一旦、途絶えたモノ作りの現場を、再び立ち上げ直すのは、容易なことではない。改めて、その現実を痛感させられた。

一〇月下旬、テレビ東京の「ガイアの夜明け」にＫｎｏｔの店舗や生産現場が映し出された。吉祥寺店に立った遠藤がＫｎｏｔのコンセプトや、カスタムオーダーの特徴を話す。そして、パソコンの画面には、注文数と在庫数の数字が表示されている。生産が追いついていない現実も、赤裸々《せきらら》に明かした。

混乱する生産現場にもカメラが入る。南安精工では、クロノグラフの秒針が外れてしまう不良品がかなりの頻度で起きていることを遠藤が報告し、改善を求める。セレクトラでも、「針付け」という細かい作業が困難を極め、増産がままならない。

だが、「日本製」の時計を復活させる、というストーリーは支援者を飛躍的に増やすことになる。

吉祥寺店の二階にあるオフィスで、遠藤は社員と一緒に段ボール詰めをしながらガイアの放送を見ていた。

テレビで報じられたように、注文が止まらない。徹夜で作業をすることが多く、たまに自宅に戻るような生活が続いていた。

「テレビに出て、また注文が増えるだろうから、今のうちにできるだけ発送しておこう」

社員にそう言うと、深夜まで作業を続けた。明け方、うとうととしていると、窓の外から人の声が聞こえてくる。

飛び起きて窓を開けると、住宅街の細い道を、人波が埋め尽くしている。

——これは、大変なことになった。


疲れ果てた遠藤が八王子の自宅に帰宅すると、まだリビングで愛里がテレビを見ていた。

「ガイアの夜明け、本当に出ちゃったね」

「まあ、生産の厳しい現場も公開されたけど、本当のことだから仕方ないな」

「それで、お客さん増えた？」

——そうか。愛里は今週、シフトが週末に入っているから、まだ店を見ていないのか。

遠藤はどこまで話すべきか、言葉に詰まった。

「それなりに、な」

「それなり？　そんなもんか」

その週末、愛里が店に向かって、住宅街の角を曲がった時のことだった。開店前の店に、長蛇の列ができている。オープンと同時に店は満杯となり、レジはフル稼働を続けた。

「また、パパにだまされた」

ただでさえ生産が追いつかないところに、テレビ放映の効果も加わって、品切れになる時計本体やベルトが相次いでしまう。

組立工場は年末、クリスマス商戦の需要に向かって繁忙期を迎える。大手メーカーは「日本製」が注目されてきたこともあって、国内の組立工場に対して、フル稼働で生産するように要請していた。Ｋｎｏｔの需要が爆発的に増えても、組立工場のラインは入り込む余地がない。

そもそも、時計は発注から納品まで四カ月かかるので、一〇月下旬になってテレビ放映されて大量の注文が入っても、そこから発注をかけると、店頭に時計が届くのは翌年春になってしまう。

組み立てだけではない。部品もまだ調達先が整備されていなかった。だから、組立ラインをうまく確保しても、秒針やダイヤルなどの部品が揃わず、段取りが無に帰することが少なくなかった。遅れた部品がやっと届いた頃には、ラインに大手メーカーの時計が流れ始めていて、後回しにされてしまう。

部品調達を任されているケンテックスの直樹は、香港で遠藤からの叱責の電話を受けることになる。

「こっちは売るモノがなくなって、お手上げなんだけどさ。いつ、季節限定の商品は届くの？」

「遠藤さん、すいません。文字盤の生産だけが遅れていて、もうすぐできるはずなんですが」

「いや、部品が一つでも遅れたら、ラインが動かないじゃないですか。また、そんな理由で『商品が作れませんでした』なんてことはないでしょうね」

直樹の額に汗がにじむ。確かに、文字盤を早く日本の組立ラインに載せなければ、季節限定品の意味がなくなる。

中国の部品メーカーから文字盤四〇〇枚が完成したとの報告を受けると、直樹はそれを中間地点まで取りに行き、そのまま成田空港行きの飛行機に乗り込んだ。そして、成田空港に降り立つと、赤帽で「緊急配送」として部品を組立工場に送った。

そうしたギリギリの生産も、爆発的に伸びる注文数の前には、焼け石に水だった。

吉祥寺店の店頭から、商品が消えていく。わざわざ遠くから来店した客が、目当ての時計が品切れと知って、肩を落とす。違う商品を勧めてはみるが、やはり納得できずに帰っていく。

目当ての商品がないと知ると、「サンプル品でもいいから、売ってもらえないか」とも言われた。

ひたすら、店頭で頭を下げる日々が続く。目の前にニーズがあるのに、売るモノがない。

深夜、八王子の自宅に戻っても、不安ですぐには寝つけない。リビングでスマホを眺めていると、ネット上にＫｎｏｔの悪評が書き込まれている。

「どれだけ待っても、Ｋｎｏｔの商品なんてこないよ」「詐欺なんじゃやね」「いや、売り切れ商法でしょ」「それって、飢餓感あおりすぎ」……。

スマホをテーブルに投げ出して、頰杖《ほおづえ》をついて画面を睨《にら》むように見ていた。妻が異様な気配を感じたのか、リビングに来て声をかける。

「どうしたの？」

「どうやら、オレは悪徳商人らしい」

そう言って、ため息をついた。

妻は画面をスクロールして見ながら、こう呟《つぶや》いた。

「一回、休んだ方がいいんじゃない」

遠藤は、小さく首を振った。妻は「何で」と言って、呆《あき》れた表情を作った。

「だって、このまま店を開けていたら、お客さんが来ちゃうよ。私も店に立って、ずっと謝り続けているんだから」

Ｋｎｏｔを手伝っている妻は、店の状況を熟知している。その通りなのかもしれない。だが、商売人の判断として、客が増え続けているのに店を休業することはあり得ない。遠藤と沼尾は、何度もそのことを話し合ってきたが、これまで結論は変わらなかった。だが、客は商品がない店に足を運ばされ、不満を募《つの》らせていく……。

一二月に入って、欠品がさらに増えていく。ついに遠藤は決断を下す。

「沼尾さん、もう無理だ。一回、閉めることにする」

沼尾も、勝気な遠藤が店を休みたくないのは分かっている。だから、決断したからには、その方針を支えるしかないと思っていた。

「遠藤がそう考えるなら、オレは支持するよ。それでオンラインストアはどうする？」

「そっちも、注文を停止しようと思っています。さすがに、数カ月先の配送予定なんて、許されないと思いますから」

沼尾は静かにうなずいた。

心斎橋店を運営する黒田にも閉店の方針を伝えた。

「しょうがないわな、売るものがないんだから。こっちも閉店しかないと思ってたよ」

電話口で努めて明るく振る舞ってくれる黒田に、遠藤は携帯を耳に当てながら頭を下げた。

一二月五日から、Ｋｎｏｔは休業することになる。

その前の夜、店を閉めた後、遠藤はお知らせの紙を貼《は》った。

「しばらく休業します」

吉祥寺の街は、クリスマスに向けて明るくライトアップされていた。その光の中で、一人、貼り紙を貼って、そのままドアに両手をついたまま、動けなかった。

七章

機械式時計

2016

「えっ、宮川プレシジョン……」

遠藤は、その社名を聞いた途端、眉間《みけん》に皺《しわ》を寄せた。

「山本さん、あの会社、大丈夫なんですか」

そう来ると思った。生産立て直しを請け負った山本隆雄は、満面の笑みで返す。

「大丈夫です。あの時のことは、誤解ですから」

山本はケロっとそう言って、こうダメを押した。

「Ｋｎｏｔの生産を強化するには、あの会社しかないんです」

山本は一年前、旧知の沼尾から電話を受けた。

「今、遠藤という経営者が、日本製の時計メーカーを立ち上げたんだけど、生産体制が混乱している。手伝ってくれないか」

山本と沼尾は慶應普通部から慶大まで同級生として付き合った仲だ。大学こそ学部は違ったが、同じ時計の世界を生きた経歴も一致する。沼尾は経済学部を出てセイコーに入社。一方、山本は商学部時代にアメリカ留学して、戻って父が経営する時計ケースメーカーに入った。シチズンに部品を供給していたのでライバル関係でもあるが、同業界の沼尾とは、会社を超えて「時計の未来」を語り合ってきた。

だが、山本の父は時計業界の中国シフトにうまく乗れずに苦悩する。中国工場を立ち上げたものの、現地スタッフとそりが合わず、一九九五年、会社を畳んでいる。

山本は時計業界から足を洗うと、ゴルフのインストラクターをしていた時期もあった。小柄ではあるが、筋肉質のがっちりとした体型は、その時から変わらない。今は大学の先輩の会社を手伝って、不動産管理を手掛けている。

沼尾と再会し、Ｋｎｏｔの状況を聞いて山本は唸《うな》った。

「いや、今から日本で生産体制を作っていくのは至難《しなん》の業《わざ》だよね」

そう山本が言うと、沼尾は「それだけじゃないんだ」と続けた。

「実は、遠藤は機械式時計も作ろうとしている。しかも、部品まですべて日本製のやつをね」

「まさか」

そう言って、山本は記憶を辿《たど》っていった。

「まあ、二〇年前ならできたかもしれないけど、日本で時計部品を作っている所は残っているのかなあ。中国に移ったか、会社を清算しているんじゃないか」

沼尾も頷《うなず》いた。

「それは置いといて、喫緊の問題は、生産が回ってないことだから、そこを助けてくれないかな」

山本は腕組みをして、少し考え込んだ。

「私も今の仕事を投げ出せないんで、週三、四日だったら動けるかもしれない」

「もちろん、それでいい。助かるよ」


山本は、Ｋｎｏｔの組立工場のリストになぜ宮川プレシジョンがないのか、不思議に思っていた。山本の父の会社と宮川プレシジョンは、シチズンの仕事を通して取り引きがあり、よく知る関係だ。山本も昔、父の仕事を通じて、宮川プレシジョンの社長と会ったことがある。

早速電話をかける。最初は久しぶりの連絡に、なごやかな会話が続いたが、山本がＫｎｏｔの社名を口にした瞬間に、雲行きが変わった。

沈黙の後、社長は低い声で話を始めた。

「実は、かつてＫｎｏｔをやっていたんですよ」

「えっ」

それは聞いていなかった。

「山本さん、知りませんでしたか。だったら、多分、遠藤社長はケンテックスやブローカーを通してうちとやっていたから、言わないんでしょうね」

――Ｋｎｏｔは創業時、埼玉の町工場で生産していたと聞いたが、実は宮川プレシジョンにもブローカーを通して発注していたわけか。

「なるほど。それじゃあ話は早い。そのＫｎｏｔの組み立てをお願いできませんか」

また社長は沈黙し、しばらくして腹を決めたように切り出した。

「いや、申し訳ないが、やりたくありません」

今度は、山本の方が返す言葉を失った。ようやく、口を開く。

「……なぜ、ダメなんでしょうか」

「まず、組み立ての効率が悪いことです」

通常、時計本体の組み立ては、ムーブメントに文字盤を付けて、それをケースに入れてガラスを装着し、最後に裏蓋《うらぶた》を閉める。

だが、Ｋｎｏｔの場合、薄さを追求するため、裏蓋が小さい。だから、最後にガラスを付けて完成させる。

通常と手順が違うだけでも作業員が混乱する。また、小さな埃《ほこり》を取り除くにも、裏蓋でなくて、表面のガラスを外さなければならない。空気を注入してガラスを吹き飛ばすのだが、同時に針などが外れるリスクもある。

社長は、当時を振り返って、ため息をついた。

「まあ、発注数も少なかったし、正直、儲からない仕事でした」

山本は、その話を聞いて、父のケース工場のことを思い出した。確かに、下請けは発注先に振り回され、設計変更やコスト削減に悩まされる。

だが、社長の話を聞くと、間に入ったブローカーに疑念が湧いた。一体、いくらマージンを抜いていたのか。Ｋｎｏｔのコンセプトも伝えていなかった可能性が高い。

遠藤と引き合わせれば、気持ちが変わる可能性はある。しかも、今は創業直後より生産数が桁違いに大きくなっている。

「社長、Ｋｎｏｔの取引条件は、創業期とはまったく違っています。どうですか。一度、遠藤とお会いいただけませんか」

宮川プレシジョンに向かう道中、遠藤はハンドルを握りながら、まだ、わだかまりが解けていなかった。

「一度、撤退している会社ですからね。いつ、また放り投げるか分かりませんよ」

助手席で山本は、「あの時とは状況が違いますから」と繰り返した。

「当時は、Ｋｎｏｔのことを知らずに、面倒な組み立て作業を、二束三文でやらされてたんですから。下請けとしては、嫌になりますよ」

そう話すと、また父の工場のことを思い出す。晩年、シチズンからの仕事が急激に減っていった。山本が「他社の仕事も取ってきたらどうか」と言っても、「シチズンの手前、それはなあ」と重い腰を上げなかった。

もちろん、探したところで、当時はＫｎｏｔのような「第三のメーカー」など存在しなかったのだが。

そう話しているうちに、茨城県大子町《だいごまち》の街道沿いの平屋建ての社屋に着いた。

宮川プレシジョン社長と遠藤は、挨拶のあと、最初はぎこちない会話が続いた。だが、組み立てを断った真相や、Ｋｎｏｔの日本製時計へのこだわりを話しているうちに、次第に打ち解けていった。

気持ちは同じ方向を目指している。

日本のモノ作りを復興させる。しかも、進化した形で――。

遠藤は、自分の思いが伝わっていなかったことを痛感した。やはり、直接、話し合わなければ、単なる発注元と下請けの冷めた関係になる。特に、ブローカーなど「中間業者」を間に挟《はさ》むことは避けなければならない。単に右から左に仕事を流して、マージンをかすめ取るだけだ。

だから、遠藤は最後にこう伝えた。

「これからは、Ｋｎｏｔと宮川さんとの直接の取り引きにします。前回とは違う条件だと思ってください」

前回の中間マージンが乗っていた分は、宮川プレシジョンへの支払いに回すことができる。単価の高い仕事になる。

「分かりました。では、近くＫｎｏｔの組み立てを始めましょう」


帰りの道中、遠藤は感慨深げに話す。

「やっぱり、伝わっていなかったんですね」

山本も、今日のやりとりは、時折、昔の父の工場とダブって見えた。

「下請けって、どうしても従来の産業イメージが抜けないんですよ。ピラミッドの上から押し付けられて、搾《しぼ》りあげられていく、という」

遠藤も、日本の町工場を回っていくうちに、その深層心理に気付き始めていた。

「私は、モノ作りに憧れを持っているんです。だから、とても下になんて見られない」

その時、ふと思った。

ベルトを作る昇苑くみひもや栃木レザーには、互いのブランドを前面に出す「ＭＵＳＵＢＵプロジェクト」のパートナーだと言ってきた。だが、こうして時計を組み立てたり、革の縫製を担う会社も、すべてパートナーではないか。

生産の問題は、宮川プレシジョンが加わったことで、ボトルネックが緩和されることになった。昨年末からの休業は一カ月程度続いたが、これからは閉店リスクも少し抑えられるかもしれない。

ちょうど同じ時期、もう一つの壮大なプロジェクトが動き出していた。

機械式時計を作る――。

世界の時計業界を見てきた遠藤は、時計メーカーの本来のあり方をスイスやドイツの時計ブランドから学んでいた。

水や自然の豊かな土地で、職人が技術を伝承しながら、機械式の時計を生み出していく。機械式は電源を必要とせず、ぜんまいバネによる機械駆動で時を刻む。それだけに、高い技術力が求められる。地域の誇りとも言えるメーカーと、それを支える修理業者も含めた時計職人によって、「時計の街」が形成される。

だが、一九六九年、セイコーがクオーツ腕時計を世界に先駆けて発売する。水晶振動子を使ったモーターを、電池を内蔵して動かすもので、一九七〇年代にセイコーが特許技術を公開すると、世界中のメーカーが参入し、一気に時計の低価格化が進んだ。

この「クオーツショック」が既存の時計産業に壊滅的な打撃を与えた。欧米の機械式腕時計は高価なのに、正確性では安価なクオーツにかなわない。「クオーツショック」によるセイコー、シチズンの興隆と、欧米メーカーの衰退は、日本のモノ作りの最盛期を象徴する出来事の一つだった。

だが、ここに来て、機械式時計が復興を遂げている。伝統的なモノ作りが見直され、その物語性と機械メカニズム、背景にある思想も含めて支持を集めている。

一方、クオーツは生産が中国に移り、今では一〇〇円ショップでも手に入る代物《しろもの》になってしまった。

完全な日本製の機械式腕時計を作る――。

部品も含めて、すべて日本製で固めたＫｎｏｔを象徴するモデルにする。

遠藤は、創業時からその夢を抱いていた。そして、最大のハードルとなる、時計の土台とも言うべきケースを、林精器製造で作ってもらいたいと考えていた。林精器は、日本製にこだわったセイコーの最高級ブランド、グランドセイコーを手掛けている。

「いい話を聞かせてもらいました」

遠藤の機械式時計にかける思いを聞いて、林精器社長の林明博は、正直にそう感想を話した。

林精器も日本での製造にこだわってきた。

創業は一九二一（大正一〇）年。祖父が東京・亀戸で本格的な腕時計のケース生産に乗り出し、三年後に服部時計店（セイコー）から初めて受注する。だが、戦中になって空襲が激しさを増すと、夜汽車に機械を積み込んで福島・須賀川に疎開。その後、東京の工場は空襲で全焼した。

戦後、福島で焼失をまぬがれた機械によって再建が進む。新しい技術を導入し、防水ケースの性能を高め、セイコーから信頼を得ていく。

一九八〇年、林精器は年間六三〇万個というケース生産の最高記録を打ち立てる。セイコーに納入するケースメーカーは国内三〇社を数えたが、林精器はシェア三〇%近くを占めて断トツの一位だった。

だが、その後、中国シフトの波が押し寄せる。バブル崩壊やリーマンショックという経済危機が到来するたびに、経営環境は厳しさを増していった。

そこに、三・一一が林精器を襲う。本社・須賀川工場が倒壊し、存亡の危機に立たされた。

続けるべきか、止めるべきか。自分たちは何のために事業をしているのか――。

林は悩み抜いた末に、仮設工場で生産を続けながら、本社・須賀川工場の再建を決意する。

二年後、本拠地に戻ることができた。その時、林は本社の入り口に、社是を掲げた。

いいものをつくる

地元・福島の書道家に頼んで、したためてもらった。林は、この書を見る度に、モノ作りの本質について深く考えさせられる。

誰にとっていいものなのか。自分なのか、相手なのか。それとも、もっと大局的なもの、歴史的なものなのか……。

福島で時計ケースの製造にこだわり続けた。その間、セイコー系の国内ケースメーカーは撤退や海外進出が相次ぎ、残っているのは林精器だけになった。

そのケースは、世界最高級の品質レベルとして知られる。通常、ケースの形状を作る場合、材料を高温に加熱してプレスする。だが、林精器は「冷間鍛造法」によって、何度も高圧プレスしながら仕上げていく。手間はかかるが、材料の組織が緻密になり、表面の仕上がりや形状の精度も高まる。

さらに、研磨工程でも高い技術力を誇る。特に、ザラツ研磨という鏡面のように磨く高度な技術で他社を圧倒する。そのため、毎年、新入社員数人を選抜して、二年間、ベテラン技術者を張りつけて、研修漬けの日々を送らせる。

こうして育った三五人の技術者が、研磨工程ラインで勤務している。

遠藤は創業直後から、林精器への交渉を数カ月に一回のペースで続けてきた。当初から、林はＫｎｏｔのプロジェクトに賛意を示していた。だが、乗り越える大きなハードルがあった。

セイコー系列で、その資本が入っているため、了承を取り付ける必要がある。

遠藤は、Ｋｎｏｔがセイコーのライバルとはなり得ないと考えていた。

「グランドセイコーは三〇万円もする時計で、海外高級ブランドがライバル。一方、Ｋｎｏｔは若い人に、クオーツでは味わえない機械式時計の価値観を伝えるエントリーモデルなので、グランドセイコーと比べられるような商品ではない」

そう言って、価格を五万円にしたいと言った。林はそれを聞いて考え込んだ。

「うちのケースを使って、そんな値段を付けられるんですか」

「はい。うちは中間流通をできるだけ使わず、直営店とオンラインストアで売っています。その価格でやっていけると思います」

林はまた考え込んだ。

「それにしても、五万円で売るには、コスト削減の工夫が必要になる。うちは、品質のレベルを下げることはしません。そんなことをしたら、遠藤さんとしても、日本製の機械式時計を作る意味がなくなるでしょう」

「おっしゃる通りです。ちょっと考えて来ますので、後日、また打ち合わせをお願いします」

そう言って、何度となく足を運んだ遠藤は、ケースのデザインをシンプルにして、磨き上げる面の数を減らす工夫を重ねていった。

当初、三二面あったケースの研磨面の数を、一八面に減らした。

林も、その図面を見て頷《うなず》いた。

「これなら、作り込んでもそれほどコストが嵩《かさ》まない」

そして、林はこう打ち明けた。

「実は、セイコーに承認してもらうよう頼んでおきました。その会議の結論が出たら、すぐにお知らせいたします」

会議の結果は、林精器の担当者から沼尾に連絡が入ることになった。遠藤はその日、合格発表を待つ受験生のような心境だった。

遠藤の携帯が鳴る。

「ああ、沼尾です。今、林さんから連絡があって、セイコーの了解がとれたそうです」

携帯を耳に当てたまま、遠藤は握り拳を作った。とりあえず、第一関門は突破した。

「問題は文字盤ですね」

遠藤は、オフィスでそう何度も繰り返す。イラついているのは手に取るように分かる。日本で文字盤メーカーは二社しかない。それぞれセイコーとシチズンの系列だから、そこからの調達が難しい。すでに両社とも訪ねてみたが、交渉は成立しなかった。

生産アドバイザーの山本が、たまりかねてこう諭《さと》す。

「遠藤さん、日本製日本製って、別に部品まで日本で揃えなくてもいいいんですから。文字盤は中国製でもいいいんじゃないですか」

タバコの煙を換気扇に向かってふーっと吐き出すと、遠藤は硬い表情のまま自論を吐く。

「ここだけは、こだわりたいんです」

しかし、大手系列の二社から調達できない以上、どういう手があるのか。山本は解がない問答だと感じた。

「山本さん、セレクトラに頼んでみませんか」

遠藤が口にしたアイデアは、あまりにも突飛《とっぴ》に思えた。

「いや、だってセレクトラは組立工場だから、いきなり文字盤を作れって言ったってムリでしょう」

時計の生産に精通している山本には、想像もつかない発想だ。だが、遠藤は「いける」という思いを膨らませていく。

「だって、中国の工場で、若い女の子が作っているんですよ。日本でできないことはないんじゃないですかね」

秋田県仙北市。セレクトラの工場を、遠藤が訪問する。工場長の了解をとって、女子工員に文字盤の生産を試してもらう。まず、中国で撮影してきた文字盤の生産ラインのビデオを観せる。中国のベテラン工員による、文字盤に時刻メモリを接着する「植字」と呼ばれる作業が映し出される。わずか〇・二ミリの穴に、針のような時刻メモリを付けていく。中国の工場では、文字盤一個を一分四〇秒で完成させている。

セレクトラの工員に同じ作業をしてもらった。「難しい」。そう漏らしながらの作業は、四分八秒かかってしまう。中国のベテラン工員の二倍以上になる。

「どうしますか」

セレクトラの工場長は、不安げに遠藤に尋ねる。

「いや、今日はいきなり作業をしてもらったので、時間がかかったんでしょう。慣れればもっと早くできるはずです。セレクトラさんにお願いしたいと思います」

そう言って工場を後にした。

――思えば、中国の工場に時計の生産技術を教えたのは、日本の時計メーカーだ。そして、中国は生産技術を磨き上げ、片や日本からはモノ作りの技術が消えようとしている。

だが、Ｋｎｏｔによって、時計の生産にわずかだが、新しい風が吹き始めている。

「セレクトラさんに文字盤を受けてもらえました」

その報告を聞いて、山本はふと思った。

——もし、二〇年前にこういう会社があったら、父は会社を畳まなくて済んだのではないか。いや、セイコーやシチズンが、日本での生産に誇りとこだわりを持ってくれていれば、状況はまったく違ったのだろう。

まだ遅くないのかもしれない。

かつて、セイコーがクオーツショックによって、スイスの時計業界に壊滅的な打撃を与えた。だが、ここに来て、スイスが反撃に転じている。機械式の高級時計が復活し、毎年のように新しい時計ブランドが生まれてくる。それを支えているのは、町の時計修理店の職人たちだ。スイスには機械式時計の教育機関も充実している。職人は、修理・調整に持ち込まれた時計を分解し、使う人に適した状態に組み上げる。

「一日に何時間、時計をはめていますか？」

そう聞いて、誤差が少なくなるように調整できる。そんな職人が、町の時計修理店を営んでいる。

日本に、そうした職人がいるだろうか。

そして、スイスは「Ｓｗｉｓｓ ｍａｄｅ」と表記できる基準を厳格化する方向で検討が進んでいる。部品など、製造コストの六割をスイスで取り引きしなければならない。

スイスは、クオーツショックという壊滅的な状態でも諦《あきら》めず、職人たちが知識と経験を伝承し続けたことで、半世紀近くたって復活を遂げて来た。

日本もまだ、諦めてはいけない——。

山本はＫｎｏｔに来て、そのわずかな可能性を見出すことができるようになった。まだ、日本には「Ｍａｄｅ ｉｎ Ｊａｐａｎ」を作る素地が残されている。

セレクトラの工員は、文字盤の作業を始めてから三カ月後、一分三九秒でこなせるようになった。わずかな期間で、中国に追いついた。

四月、横浜元町店がオープンし、同時に機械式時計ＡＴ38が発売された。部品にも日本製を採用して、価格は四万五〇〇〇円に抑えた。

日本の大手メーカーなら数十万円以上する本格的な機械式を、若者でも手が届く価格にした。

この店は、日本のモノ作りを前面に出した店作りになっている。ガラス越しに見える工房を作り、そこで職人が時計を組み立てる。

この日、横浜元町店で機械式時計を購入すると、針の色を選ぶことができるようにした。購入者は、自分の手にはめる時計が組み立てられる様子を、目の前で見ることができる。

機械式時計を買っていく層は、若い男性が目立った。日本製のモノ作りが、新しい世代に受け継がれる可能性を感じさせるオープンの風景となった。

大手が三〇万円の機械式時計を売っている中で、なぜＫｎｏｔは五万円を切る価格にできるのか。

遠藤はまず商品企画の段階で、価格も考えておく。機械式時計なら五万円、ベルトは基本五〇〇〇円、といった具合に決めてしまう。ベルトは、気軽に買い換えられるように、Ｔシャツ程度の価格にする。これを大きく上回る価格のものは作らない。

この価格を先に決める手法は、勘に頼っているわけではない。

二〇代前半から世界の逸品、高級品を買い付けに走って、生産現場まで足を運んだ遠藤は、価格の元になっている原価が頭に叩き込まれている。

「世界の機械式時計で、宝石や貴金属を除けば、どんな高級品でも原価が五万円を超える時計はない」

だから、自社での企画デザインや生産効率化、流通革命などを積み重ねてコストを抑制すれば、五万円という価格は実現できるという確信を、企画当初から持っていた。

思えば、なぜ、他のメーカーの機械式時計は、年を追うごとに価格が上がっていくのだろうか。確かに、時計をつける若者は減少を続けている。まして、機械式時計などは、手が届かない価格になってしまった。

メーカーは、購入者が減っていることを、価格の上昇によって補っているのではないか。

つまり、前年は一〇〇人が買ってくれたものが、五〇人に減るなら、価格を二倍にすれば売上高は維持できる。

だが、その時、部品メーカーや組立工場に二倍のカネを払ってはいない。むしろ、コスト削減を要求しているだろう。「下請け」は数量と単価がどちらも下落する無間《むげん》地獄に陥ってしまう。

そうして、日本のモノ作りが土台から崩れていく。

遠藤は、横浜元町店のオープン日にパートナーたちを招待していた。ベルトの素材を提供しているメーカーや協力工場など、十数社が集まった。店を見学した後、中華街で食事をしながら、互いにモノ作りについて語り合った。

遠藤は、この地で、最初のパートナーの会合が開かれたことは、偶然だが、必然でもあったと考えている。

横浜元町店は「クラフトマンシップ・ストリート」に店を構えている。横浜が貿易港として栄えた頃から、この通りには、ハンドメイドの革製品やジュエリーを扱う小さな店が立ち並んだ。

Ｋｎｏｔの時計店は、その流れの中にある。

日本中から腕利きのクラフトマンが集まり、小さな腕時計本体の中に技術の粋を詰め込む。ベルト一本一本にも、生産者の刻印が押される。すべては誇り高きクラフトマンの作り出した作品の結晶――。

Ｋｎｏｔは文字通り、それらを「結ぶ」だけだ。

その頃、また一つ、新たなベルトのパートナーが加わろうとしていた。

山梨・西桂町。絹織物の産地で、かつては織物組合に三〇〇社近い業者が加盟していた。不純物の少ない富士山の湧水を使って染色するため、糸によく色が染み込む。

その西桂で、槙田商店は一八六六年に生糸問屋として創業した。横浜シルクなど、立地に優れた産地に対抗するには技術を磨くしかない。槙田商店は深い光沢や、美しい縞模様を追求していく。その薄手のシルク織は都会の旦那衆の目に止まった。やがて織物を扱うようになり、戦後には傘や洋服の生地へと事業をシフトしていく。

特に傘生地は評価が高い。きめ細かい織り方で水を弾く上に、ジャカード織による複雑なデザインも実現できる。欧米ブランドから次々とＯＥＭ生産の依頼が舞い込み、一九八〇年代まで成長を続けていた。

だが、バブル崩壊で織物業が衰退、追い打ちをかけるように地元に精密機器メーカーが進出してくると人材が流れていった。織物組合の加盟社は三〇〇社から二〇社に激減してしまう。

槇田商店は、生き残った一社だった。業績が厳しい状況は変わらないが、複雑なジャカード織のノウハウを持ち、伝統的な手作りの傘を作り続けたことで生きながらえた。

だが、リーマンショック後、海外ブランドが日本法人を作って、ＯＥＭ生産を打ち切り、海外から直接、商品を日本に持ち込むようになってしまった。

「もう、海外ブランドに頼った商売は続かない。槇田商店をブランド化しなければ、将来はない」

常務の槇田洋一は、五代目社長の後を継ぐ「六代目」に就任予定で、将来に向けたプロジェクトを模索してきた。

二〇一三年、美術大学の学生とのコラボレーションを始めた。そこで、女子学生が、不思議な傘のコンセプトを持ち込んできた。傘を閉じた時に、つぼみのような立体感のある形になるデザインだった。

――我々は、傘を閉じた時など、どうでもいいと思っていた。若い世代は、老舗に新しい風を吹き込んでくれる。

槇田は、その学生を口説いて、翌年にデザイナーとして入社してもらう。そして、傘生地の新しい表現を生み出している。

少しずつだが着実に、老舗の中に未来を創造する力が芽生えようとしていた。

そんな槇田商店だが、二〇一五年のバーバリーショックは大きな痛手となった。バーバリーが一〇〇％子会社「バーバリー・ジャパン」を設立し、ＯＥＭ生産を打ち切る。アパレル大手の三陽商会をはじめ、ライセンス生産をしていた多くの企業が業績を大きく落とすことになる。

バーバリーの傘を作っていた槇田商店も、この衝撃に揺れていた。

そんな二〇一六年、遠藤が山梨の本社までやってきた。対応に当たった槇田は、Ｋｎｏｔのコンセプトや、「日本のモノ作りを復興する」という熱い語りに興味を引かれた。

また、遠藤は複雑なジャカード織の工程に興味を示し、生地や生産現場を食い入るように見ている。モノ作りへの思いが強いことは、その行動や言葉の端々《はしばし》から伝わってくる。

だが、いざ商談となると、現実の厳しさを痛感する。

「これは、ちょっとロットが少ないので、難しいですね」

槇田が頬杖《ほおづえ》をついて考え込む。

「将来的には、いろいろな商品に、傘の生地を使えるように考えます。新商品や、季節限定の商品なども一緒に企画していけるので、お願いできませんか」

そうした遠藤の言葉に、槇田の心は揺れた。

——今の話は、出まかせかもしれない。だが、いずれにしても、巨大ブランドに頼ったビジネスは、リスクが大きいことは痛いほど学んだ。Ｋｎｏｔはまだ生まれたばかりの時計メーカーだが、小さいベルトにも生産者を刻印している。地道な商売だが、日本のモノ作りが集結して、一緒に成長を目指すのもいいかもしれない。

「分かりました。やってみましょう」

槇田と遠藤は、定番でもあるトンボの絵柄の傘生地を採用することに決める。

そして発売後、山梨までやってくる若い人がいた。

「Ｋｎｏｔでこのトンボのベルトを買ったんですが、店員さんから、同じ生地の傘を売っていると聞いて、やってきました」

美大卒の若手のデザインした生地が、たまたま打ち合わせに来たＫｎｏｔの商品企画担当者の目に止まって、採用されたこともある。

小さな出来事の積み重ねではあるが、老舗企業が時代の波に乗り始めている。

そして、遠藤の言葉が現実になっていった。

昇苑くみひもの担当者と意気投合し、栃木レザーとのコラボ商品も発売された。

——あれは、出まかせではなかった。

Ｋｎｏｔのパートナーが集まる会が開かれる度に、人脈が広がり、新しい企画のアイデアが生まれてくる。槇田は、数字には表れない効果が、このつながりにはあると感じている。

パートナーが増えていく中で、Ｋｎｏｔの業績も急拡大していった。二期目の決算が出たが、一期目の一〇倍を超える七億円の売上高をあげ、その勢いは加速している。

社員数が数人だった頃は、吉祥寺店の二階のマンションでなんとか収まったが、社員数が二桁を超え、オフィスビルに移転することになる。

吉祥寺店から住宅街を南に下ること五分、井ノ頭通り沿いの商業ビルの二階を借り切った。駅からも徒歩五分で、周辺には専門学校やレストラン、商店が並んでいる商業エリアだ。


本社がマンションからビルに移って、最初の夏を迎える。遠藤は、社員が持ってきた夏の新商品の企画書を見て、考え込んでいた。夏にはナイロン製ベルトの人気が高まる。創業当初から、Ｋｎｏｔは中国製のナイロンベルトを売り続けて来た。

この夏の企画も、やはり中国製のナイロンベルトの新デザインで構成されている。

遠藤が重い口を開いた。

「あのさ、このデザインがいいかどうかを判断する前に、釈然としないことがあるんだよな」

社員は、遠藤が何を言い出したのか分からない。

「そもそも、中国製でいいのかな」

そこに立ち返るのか――。社員はたじろいだ。

「社長、でも、中国製の方が圧倒的に安いので、これを日本製にするのは難しいと思いますが」

遠藤は、社員を見上げる。

「本当か？」

「えっ」

「本当に中国製の方が安いのか」

「いや、それは間違いないかと……」

「輸送コストもかかって、不良品だらけだよね。しかも、クレームを入れても、中国語で言い返して来て、まったく応じる気がない。それでも、安いのかな」

中国から届いたナイロンベルトの箱を開けると、石油化学製品特有の臭いが鼻を突く。同じ色のはずが、まったく別の色のようにくすんだ商品が大量に混じっていたこともある。厳密に検品すれば、ほとんどが不良品ではないか。

「ほかのベルトが、職人芸のような日本製の素材になってきている中で、中国製のナイロンベルトを売り続けるのは、裏切り行為だと思うよ」

社員は、反論する余地がなくなった。

「今年の夏は、ナイロンベルトは諦《あきら》めよう。やっぱり、SHINDOを知ってしまった以上、ほかの会社では納得できない」

「でも社長、あそこは、断られたじゃないですか」

もちろん、遠藤もそれは分かっている。だが、暗礁に乗り上げた案件でも、何か打開策はあるかもしれない。

Ｋｎｏｔの知名度は、静かに広がっていた。そして、人々を引き寄せる力を持ち始める。この年、初めて新卒採用を募集する。三人を採用する予定のところに、エントリーシートで六〇〇人が集まった。吉祥寺第一ホテルで会社説明会を開くと、三〇〇人の大学生が押し寄せ、会場を埋め尽くした。

ちょうどその頃、テレビ東京の「ガイアの夜明け」に、機械式時計の開発物語が取り上げられ、放映される。

再び、販売が急増する。

遠藤は多忙を極めることになる。ところが、今回のガイアについて、家族の反応は、前回とまったく違っていた。

深夜、疲れ果てて八王子の自宅に戻ると、妻が起きて待っていた。

「テレビ放送の効果で、また、すごいことになってきたな」

疲れた体をソファに投げ出し、缶ビールを開ける。妻は浮かない顔をしている。

「なんか、話が違うんじゃない」

遠藤は妻を見上げた。急に何を言い出したのか。

「会社を大きくしないで、家族が暮らしていけるくらいの店にするんじゃなかったの」

妻はそう言って、リビングを出て行ってしまった。

その言葉に、遠藤はようやく、かつての風景が思い浮かんだ。吉祥寺の街を歩きながら、家族で小さな時計店を開くことを話していた。

だが、あれは妻の勝手な想像でもある。

――そんなことを言っても、今では周囲がＫｎｏｔの成長を望んでいる。今さら、どうにも止められないだろう。

そうは思ってみても、妻の変化に気付かなかったことは厳然たる事実だ。何かの予兆なのか？

組織が拡大する中で、最初はベクトルの微妙なズレだったものが、いつしか亀裂に変わってくることはある。前だけを見て突っ走る遠藤には、見えてこない盲点が生まれつつあるのか。

妄想か、現実か。えも言われぬ不安が襲ってくる。

――考えてもしょうがない。

ビールを一気に飲み干し、缶を握り潰した。

八章

裏切り

2017

――なんだ、この時計メーカーは？

Ｋｎｏｔの成功がメディアに取り上げられるようになって、それを真似たメーカーが出てきていることは聞いていた。

だが、このｍｏｎｏｌｏｇｕｅはあまりにも似ている。「Ｍａｄｅ ｉｎ Ｊａｐａｎ」をコンセプトに掲《かか》げ、カスタムオーダーができる。シンプルなデザインの時計本体に、革やメタルメッシュのベルトを組み合わせて購入できる。文字盤や針も選択できることから、数万通りの時計ができると謳《うた》っている。

価格も二万円前後と、Ｋｎｏｔとほぼ同じ価格帯だ。

――二番煎じが出てきたか。まあ、仕方ない。

遠藤は、当初はさして気にしていなかった。だが、この時計ブランドの生産を、南安精工が請け負っていることを知ると、怒りが爆発した。

「Ｋｎｏｔの生産のために時計の組立ラインを立ち上げて、それがテレビ番組でも紹介されたのに、ライバルの生産を請け負うのは信義《しんぎ》則《そく》違反だろう」

遠藤がそう主張しても、南安精工側も一歩も引かない。

「我々は、Ｍａｄｅ ｉｎ Ｊａｐａｎの時計の復活を考えているんだから、その生産を引き受けるのは当然でしょう。そうしたメーカーが増えてくればいいと思っているんだから」

両者の見解は真っ向から対立した。

間に立たされたケンタックスの直樹は、困惑の度を深めていく。

「遠藤さん、南安さんは『いいモノを作りたい』という思いだけなんで、悪気《わるぎ》はありませんよ」

「でも直樹さ、こっちの情報が筒抜けになるリスクがあるよね。もし、ｍｏｎｏｌｏｇｕｅを続けるなら、もう南安には頼まないことにする」

「いや、遠藤さん、そうしたら生産キャパが足りなくなりますよ」

直樹にとって、南安は自らが乗り込んで組立ラインを立ち上げた「同志」でもある。

また、Ｋｎｏｔの仕事は発注数が月ごとにブレがあり、その谷の部分を埋める仕事が欲しいという南安の事情も理解できる。

だが、遠藤はどうしても許すことができない。生産アドバイザーの山本に相談する。

「南安への発注を止めて、ほかの二社だけでは生産は回らないですか」

山本はきっぱりと言い切った。

「いや、大丈夫でしょう」

遠藤はその言葉で決意した。そのまま直樹に電話をかける。

「直樹、悪いけど、Ｋｎｏｔの商品は今後一切、南安に発注しないでくれ」

パートナーとして一緒に走ってきたはずだったが……。数あるパートナーの中で、唯一、関係を絶つことになる。


「ウソがつけない時代」

遠藤はそう感じている。ネット社会が広まり、あらゆる情報が拾われ、ネット上に載って記録されていく。ウソをついて儲けようとしても、次の瞬間に見抜かれてしまう。だから、自分が信じたことを愚直にやり抜くしかない。

かつて通販ビジネスで「一発屋」のようにヒット商品を出していた時代、魅惑のコピーと強烈なビジュアルで人々を引き付けていた。その後、海外の時計ブランドを扱うようになって、地道に日本市場に浸透させる継続性を身につけた。それでも、他人の作ったモノで勝負する以上、自分の思いを捨てて、「売る」ためにストーリーを組み立ててきた。

だが、その「作り上げたモノ」は、結局、偽りの塊だったのかもしれない。

次のステップが、自らのブランドを作り、育てていくことになったのは、過去の経緯からすれば必然だったのだろう。

Ｋｎｏｔは遠藤自身が生み出したブランドであり、彼の思いがそのまま反映されている。付いてくる者が増える一方で、離れていく者も少なからず出てくる。

南安と決裂した夏は、遠藤にとって、苦しいものになっていく。


八月から出店ラッシュが続いていた。台湾に店を出すと、今度は愛知・星が丘店をオープンさせる。長期にわたって家をあけて、たまに自宅に帰ると、妻が仕事の話を切り出す。妻は創業期から、Ｋｎｏｔを見続けてきた。だから、会社で起きている問題を訴え、どう対応すべきか聞いてくる。遠藤は急に不機嫌な表情に変わる。

「あのさ、たまに家に戻ったんだから、仕事の話なんかするなよ」

缶ビールをあおる遠藤に、妻が悲しそうな視線を向ける。

「じゃあ、会社でどうしたらいいのよ。悪いけど、もう出社しないから」

そう言ってリビングから去っていく。

――こっちの苦労も知らないで。

だが、遠藤が仕事にのめり込むほど、妻との溝は、深く広くなっていった。

いつしか、妻は家に戻ってこなくなってしまった。一度、離れた心を戻すことができないまま、離婚することになる。

南安との取り引きを切ったため、生産は再び綱渡りの状況に陥る危険がある。クリスマス商戦まで品切れを起こさずに店を開け続けるためには、夏から在庫を積み増しておく必要がある。大手メーカーのような系列の組立工場がないため、年末にかけて増産をかけることが難しいからだ。

閉店ほどつらいことはない。客を目の前にして、店を閉める苦渋の決断は二度と味わいたくない。

定番や売れ筋のモデルを中心に、夏から増産をかけて在庫を厚くしていった。健全な手法ではないが、今のところ、この方法しか対応手段がない。

思いがけない電話がかかってきたのは、その頃のことだった。

「社長、SHINDOの堀さんから電話です」

遠藤は急な出来事に、戸惑った。

——SHINDOは断られたはずだが。しかも「堀さん」て、東京ショールームで会った人とは違うな。

「はい、遠藤ですが」

「SHINDOの繊維を担当している堀です。ちょっと相談にうかがいたいのですが」

東京・吉祥寺。福井からやってきた堀は、SHINDOの繊維カンパニー社長を務めていた。主力のファッション・アパレル関連事業をオーナー家から任されている。

「御社は時計ベルトに生産者を表記しますね。感度の高い人たちに、うちの会社を知ってもらう機会になるので、採用していただけないかと思いまして」

遠藤は数年前の苦い経験を話した。

「実は、御社とは東京ショールームで商談をしたのですが、ロットが一〇〇〇メートルということで断念したことがありまして」

すると、堀は手を左右に振った。

「いやいや、一〇〇〇メートルは一つの目安でしかありません。繊維の種類によっては、サンプルとして一〇メートルからいけます」

「えっ、一〇メートル」

「別珍などは一〇メートルです」

「ナイロンはどうでしょう」

「デザインにもよりますが、数百メートル単位になります」

遠藤が頭の中で計算する。今のＫｎｏｔの販売力ならば、売り切ることができる。

「堀社長、さきほど、別珍とおっしゃいましたね。まず、この冬に別珍を季節限定商品として販売できませんか」

「できますよ。うちの在庫システムに定番として作り置きしていますから、いつでも納品できます」

「あと、来年夏にナイロンのベルトをＳＨＩＮＤＯさんのモデルで売り出したいんですが、ロットはどれぐらいになりますか」

「単色なら二〇〇メートルからいけます」

「分かりました。そちらも、お願いすることになると思います」

中国製で不良品だらけだったナイロンベルトが、世界の高級ブランドが使う高品質の日本製に変わる……。人気のナイロンベルトを、二年間も発売中止にした判断は間違っていなかった。

それにしても、「中国製が安い」という定説は、思い込みでしかない。ＳＨＩＮＤＯのナイロンベルトは三〇〇〇円で、価格は中国製と変わらない。しかも、中国製は輸送コストをかけて、不良品の山ができる。作り直すこともできず、廃棄するしかない。

ＫｎｏｔはＳＨＩＮＤＯの工場の内部を撮影し、店舗やサイトでその映像を流す。これまで、外部からはうかがい知れなかったＳＨＩＮＤＯの生産現場が世に広く知られることになる。

ＳＨＩＮＤＯがＫｎｏｔとの取り引きをするまで、多くの作り手のつながりが作用していた。昇苑くみひもの八田は、服飾関係でつながりがあった。そして、ＳＨＩＮＤＯ幹部とこんな話をすることがあった。

「おたく、Ｋｎｏｔとやってみて、どう？」

「製造現場を見てもらっているので、職人のモチベーションが上がりました。Ｋｎｏｔの店やサイトでも映像が流れるので、その効果の方が利益よりも大きいですかね」

八田自身が職人でもあるため、説得力がある。

ＳＨＩＮＤＯの現場を映したビデオからは、品質への高いこだわりが伝わってくる。工場の人々が、各工程で丁寧にリボンを扱って作り上げている。仕上がったすべての商品を女性が入念に検品していく。

言葉ではなく、映像で見せれば、世界の人々にモノ作りの真髄を伝えることができる。

ＳＨＩＮＤＯならば、一〇〇〇本作ってもすべて店頭に並べられる。中国製は、ほぼすべてが不良品のこともある。

日本の現場は、人の信頼がつながった組織力を発揮する。それぞれのベルトについて、生産工程が映像になって店舗で流れる。そのストーリーを、人々は視覚で体験できる。購入した人は、物語をベルトに込めて、身に纏《まと》う。


二〇二〇年、Ｋｎｏｔ上場——。

そんなシナリオが本格的に動き出す。オリンピックイヤーに、日本で八〇年ぶりに生まれた時計メーカーが、上場を果たす。それは、遠藤にとって、セイコーが前回の東京オリンピックに合わせて、クオーツを生み出して、世界を席巻していったストーリーにも重なるように思えた。

上場準備は、遠藤が一人で決めるワンマン経営から、管理部門を固めて「組織の経営」に移行する作業でもあった。社内はにわかに人が増え、会議や外部との打ち合わせで慌ただしくなり、遠藤も多忙を極めていく。


「遠藤さんのアポ、全然取れないんだけど」

みずほ銀行吉祥寺支店長の森園美智子は、この街に赴任してきてから、遠藤に会いたいと思っていたが、いつ電話しても「商談中」と言われてしまう。歩いていけば、わずか三分の距離なのに。

森園が吉祥寺に来て分かったのは、街に人はあふれているが、なかなかカネを落としていかないことだった。また、地元経営者の高齢化が進み、新しい世代の起業家が台頭してくることが必要だと痛感していた。この街に根付いた人を増やしていきたい。

その新世代の代表が、遠藤だと思っていた。

武蔵野・多摩地区に生まれ育ち、吉祥寺で起業して、Ｋｎｏｔを世界に広げていこうとしている。そういう人に寄り添っていくことこそ、銀行マンの役割だと思っていた。

結局、若手行員の伝《つて》をたどって、遠藤に連絡がつながった。

「やっとお会いできました」

「いや、単純に忙しかっただけで、避けていたわけじゃありませんから」

この出会いをきっかけに、二人は吉祥寺の街で飲み歩く仲になる。森園は、吉祥寺にある商店街や商工会など、あらゆる集まりや飲み会に顔を出す。その人脈が、遠藤にもつながっていく。

みずほの吉祥寺支店は、「銀行・信託・証券」を一体としてワンストップサービスを展開する実験店でもある。森園は一階をカフェのような作りに改装して、吉祥寺に関する書籍などを並べている。

地元をつなげる——。

この森園が媒介となって、Ｋｎｏｔに次の展開への道を拓くことになる。

年末、クリスマス商戦まで商品がなんとか持ちこたえた。そこで遠藤は、ＪＲ吉祥寺駅のホームに看板広告を出すことを決めた。

だが、場所が空かない。

それでも、ＪＲは「吉祥寺の顔」になったＫｎｏｔの看板広告を出したい。

ついに、ホームの中央部分の目立つ場所に、新しい広告看板枠を作ってしまった。

「手が届く、ＭＡＤＥ ＩＮ ＪＡＰＡＮを。」

看板には、時計本体とベルトの写真が大きく刷られている。ごった返《がえ》すホームに並んでいる人々や、電車から外を眺めていた人々は、写真の横のこんなコピーを目にする。

「ここ、吉祥寺で生まれました。」

九章

吉祥寺の磁力

2018～2019

二月下旬、九州初の店舗、「福岡天神店」がオープンする。そのレセプションを翌日に控えて、遠藤は社員とともに、新幹線で博多に向かっていた。車内で、遠藤の携帯に着信が入る。愛里の名前が表示されると、席を立ってデッキに向かった。電話を取ると、かすれ声が聞こえてくる。

「ごめん、パパ。インフルエンザにかかって、福岡のオープンに行けなくなっちゃった」

電波が弱く、途切れ途切れに聞こえることもあるが、明らかに体調が悪そうだ。愛里は国内すべての店舗のオープンに立ち会ってきたが、この四月から金融機関に就職することが決まっている。最後のオープンになると気張っていたが、どうやら寸前でダウンしたようだ。

「まあ、しょうがない。こっちは大丈夫だから、ちゃんと休めよ」

そう言って電話を切り、座席に戻ってため息をついた。隣に座る社員が、「何かありました？」と遠藤の顔を覗《のぞ》き込む。

「愛里がインフルで来られなくなった」

「そうですか」。社員も残念そうな表情を作った。

「予約したレストラン、愛里がいないと意味ないな。違う店に変えようか」

社員は思い出したように切り出す。

「そういえば、水炊きの店があるって言ってましたよね。そこに、行けませんか」

「あれは、Ｍａｋｕａｋｅの木内さんが会員になっている店だから、ちょっと聞いてみないと分からないな」

数カ月前のこと。店の立地を決めるため、物件調査で福岡を訪れた際に、九州出張に来ていた木内と合流したことがあった。「ちょっと、遠藤さんを連れていきたい店がありまして」。そう言って、行きつけの水炊きの店を紹介された。

早速、遠藤は木内の携帯を鳴らすと、二つ返事が返ってくる。

「今、木内さんに連絡したら、予約を取っておいてくれるらしい」

その夜、店に行くと、前回も給仕してくれた女性が出てきた。

「遠藤さん、お久しぶりです。お店のほうは順調ですか」

「さやかさん、覚えていていただけましたか。それが、明日オープンなんですよ。そんなわけで、今日は木内さん抜きで、うちの社員とお邪魔しました」

「おめでとうございます。実はさきほど、電話で木内さんからオープンのことを聞いていました」

そう言って、遠藤にお祝いの品を渡す。開けると、一輪挿しの花瓶だった。

「ありがとうございます。これなら、店に飾っても映《は》えます」

遠藤はそう言って包み直しながら、わずか一回しか会ってない客への気遣いに、心を動かされた。聞けば、自ら美容サロンを経営していて、この店は週三日だけ、夜九時から手伝いに来ているという。

彼女は小さい店とはいえ、自ら事業を営んでいるから、経営者の孤独や苦悩を理解しているのだろう。父も経営者だったという。

自分は、サラリーマンから、「雇われ社長」を経て、オーナー社長へと立場が変化してきた。だが、妻は公務員の家庭に育ち、安定した家庭を築くことを求めていた。だから、遠藤がＫｎｏｔを立ち上げて、会社とともに急速に変化していくうちに、妻との認識のギャップがあっという間に広まって、別の道を歩むことになってしまった。

今、自分を支えてくれる「Ｋｎｏｔの社長夫人」は、このような女性なのかもしれない――。

三月、ユニクロ吉祥寺店の店長に、三九歳の女性、赤井田真希が着任した。前職はファーストリテイリングの経営人材育成機関「ＦＲＭＩＣ」の責任者だった。世界を駆け巡り、ユニクロの次世代の経営陣を育成する部隊を率いていた。

そして、青天の霹靂の人事を告げられる。

次年度の組織体制を提案するため、赤井田が招集した会議に、役員たちも出席していた。その場で、いきなり「吉祥寺店長」の辞令が告げられた。

ふざけるな、と思った。

「いや、これから会社の理念を海外に広めるところなのに、私がいなくなっていいわけ？」

すでに、旗艦店の銀座店で店長を務め、中国・上海でも店長を経験した。

——いまさら、また店長をやれって、どういうこと。

ユニクロ吉祥寺店は、駅近くの好立地に七階建てのビルを構えている。メーンストリートの「公園通り」と、個性あふれる商店街「中道通り」が交差する角《かど》に位置し、向かいにはパルコがそびえている。

ユニクロは国内店舗が飽和状態と言われるが、それを打破して成長を目指すため、「個店経営」「ローカライズ」を戦略のキーワードにしていた。その実験店が吉祥寺店だった。

すでにオープンから四年が経っていたが、赤井田が見る限り、どこか表面的な取り組みで終わっている。地域の情報などを展示し、イベントにも参加している。だが、店員に「なんでこれを置いているの」と聞いても、「地元の店から頼まれたから」と答える。イベントも、「昨年、参加したと聞いたので」と。

——溶け込めてないなあ。

そう思いながら、ファストリ会長兼社長の柳井正にメールを打った。

「本日、吉祥寺店長に着任しました」

すると、柳井から返信が届く。

「落ち着いたら行くね」

パソコンを閉じて、ため息をつく。

——はあ。どこから手をつけるか。

とにかく、地域に飛び込もう。ユニクロ吉祥寺店はオープン前、地元の商店街から反対の声が上がったことで知られる。まずは住民の間に溶け込もう。商店街連合会から消防団まで、あらゆる会合に首を突っ込んでいった。

だから、同じ「公園通り」で徒歩二分しか離れていない、みずほ銀行の森園とはしょっちゅう顔を合わせることになる。

ある立食パーティーで地元の人たちも交えて盛り上がっていた時のこと。

「Ｋｎｏｔの店はもう行った？」

そう言われて、赤井田は何のことだか分からなかった。

森園が突っ込む。

「あ、赤井田ちゃん、それはモグリだわ」

一通り、Ｋｎｏｔのストーリーを聞かされた。どこか、ユニクロと通じるものを感じた。

赤井田は森園に向かって手を合わせる。

「姉さん、頼む。その遠藤さんを紹介して」

二週間後、赤井田はユニクロ吉祥寺店の店舗レイアウト担当と地域担当を連れて、Ｋｎｏｔの本社に乗り込んだ。

井ノ頭通りを渡って西に進むと、あっという間にＫｎｏｔ本社が入居するビルに着いてしまう。わずか三分程度の距離だ。

手には、提案のための企画書を握り締め、会議テーブルで待った。

遠藤は社員三人と一緒に姿を見せた。

「今日はＫｎｏｔさんに提案があってやってきました」

赤井田はそう言うと、企画書を遠藤に差し出した。

「ユニクロ吉祥寺店の最上階は、吉祥寺スペシャルフロアになっています。そこに、Ｋｎｏｔさんのコーナーを作れないかと思いまして」

遠藤は企画書を見つめながら、顎鬚《あごひげ》を手でなでた。

「これ、いいんじゃないですか」

Ｋｎｏｔは時計メーカーとはいえ、ベルトに様々な生地《きじ》やデザインを使って「ファッション」に仕上げている。だから、アパレルの店舗に陳列しても、相性がいいはずだ。吉祥寺発の時計メーカーがユニクロと融合し、他にない魅力的な売り場を生み出す。

赤井田は、二回目の訪問で、さらに突っ込んだ企画を持ち込んだ。

「遠藤社長、今日はこういう提案なんですが、ユニクロとＫｎｏｔがコラボレーションした時計、できませんかね」

遠藤は、顔色一つ変えず、即答した。

「なくはないですよ」

それを聞いて、赤井田は用意した企画を提案する。

「デニムのバンドを作るってどうでしょう？　できればセルビッチデニムで」

セルビッチデニムとは、旧式の織機を使って作り上げるビンテージのデニム生地のこと。その提案を聞いて、遠藤と社員が小声でやりとりを交わす。

「すいません、ちょっと失礼します」

社員がそう言って席を立つと、遠藤が少し興奮した面持ちで切り出す。

「いや、実は私も同じことを考えてましてね。ずっとセルビッチデニムでベルトを作りたいと思っていたんですよ」

そこに、社員が小走りで戻ってくる。持ってきたデニム生地を使ったベルトの試作品をテーブルの上に置く。

「これなんですが、私が自分のジーンズを使って、作ってみたものです」

赤井田が手にして、感触を確かめるように指でなでる。

「社長、すごくいいじゃないですか。これ、やりましょうよ」

遠藤は、創業二年目にリストアップした「MUSUBUプロジェクト」の一覧に、今後の目標として「児島デニム」と記していた。岡山・倉敷にある児島ジーンズストリートは、世界から「ジーンズの聖地」として注目を浴びている。

「私は最初、デニムは岡山だと思っていたんですよ。でも、よく調べると、岡山は縫製したジーンズの聖地であって、デニム生地の最高峰は広島にあるカイハラなんですね」

「それ、交渉はされているんですか」

赤井田にそう聞かれ、遠藤は頭をかいた。

「いや、カイハラさんは広島の山の中にありまして、片道六時間ぐらいかかるんですよ。だから、撃沈するのが怖くて」

これまで、栃木レザーやSHINDOなど、突撃して失敗することが多々あり、そのトラウマが消えない。ジーンズと時計ベルトでは、使う量が大きく違う。「ロットが小さい」とダメ出しされる典型的なパターンだ。首都圏ならまだしも、広島の山奥で門前払いを食らうのは避けたかった。

「分かりました。私がカイハラさんとつなぎます」

赤井田はそう言うと、条件としてこう付け加えた。

「ただ、コラボと言っても、うちには予算がないんです。また、販売するとなると社内で面倒な承認が必要なので、サンプル品としてタダで作ってもらえませんか。それを店に展示したいので」

遠藤にとっては、カイハラにつながれば、デニムのバンドの実現可能性が一気に高まる。

「サンプルですか。まあ、一〇本なら作れますが」

赤井田にとっては、展示用だけなので、それで十分だ。

「分かりました。すぐに動きます」

九月、カイハラからサンプルとして無料で五メートルのデニム生地がユニクロに届いた。それをKnotに転送する。

ちょうどその頃、赤井田を訪ねて、柳井が吉祥寺店にやってきた。吉祥寺スペシャルフロアを視察すると、そのまま赤井田は柳井を、住宅街にあるKnot吉祥寺店に案内した。吉祥寺の人たちは、柳井を知っていても、とりたてて騒いだり、話しかけたりするようなことはしない。何もなかったかのように、通り過ぎていく。だからだろうか。柳井はいつになくリラックスしている。

――こんな自然体の視察は、日本のほかの場所ではできない。きっと、社長は気持ちいいだろうなあ。

その後、カイハラとＫｎｏｔとユニクロがコラボしたデニムのベルトが一〇本、赤井田の元に送られてきた。

――本当に形になったんだ。あとは、これが、本当にＫｎｏｔの商品ラインナップに並べば、このプロジェクトは完結するんだけど……。


広島・福山のカイハラ本社。会長の貝原良治に、営業課員が報告にやってきた。

「東京の営業課から連絡がありまして、ユニクロが紹介してきたＫｎｏｔという吉祥寺の時計メーカーが、うちのデニムで時計ベルトを作りたいらしいんです」

「ノット？　知らないなあ」

「まだ、数年前にできた日本製の時計を作る会社で、ベルトもこだわりの日本製にしたい、と。革やナイロンのベルトも、日本を代表するメーカーを使っているようです」

一通り話が終わると、貝原はその場で即答した。

「いいんじゃないか」

営業課員は、恐る恐る、取り引きのロットを示した。貝原は表情一つ変えずに答える。

「この件はロットの問題じゃないだろう。そこは、大きな判断材料にはならないよ」

カイハラはこれまでも、いくつかの企業とコラボレーションを展開したことがある。その時の決め手は、手を組むことで企業価値が上がるかどうか、だ。いま聞いた「ノット」という会社は、モノ作りに誇りを持った人々をつなぐ結節点になっている。

年末、貝原の元を遠藤が訪ねて来た。遠藤の日本製を世界にアピールするという思いを聞いた。

——意気込みがあるし、真面目に取り組んでいる。

貝原は「完璧を求める」という所で、遠藤と一致していると感じた。

その遠藤も、カイハラの規模と技術力に圧倒された。本社は、JR福山駅から電車とクルマで一時間近くかかる山の中にある。山間地をクルマで走り続けると、突然、巨大な本社工場が見えてくる。ほかにも広島県内に三工場を構える。

世界と戦える工場——。

それが、貝原が目指してきた目標だ。圧倒的な規模と技術力で、年間三六〇〇万本を生産する。国内シェア五〇%、ブルーデニムの輸出シェア六五%を誇る。

また、本社近くに貝原歴史資料館があり、地域とともに歩んできたカイハラと絣《かすり》の歴史が展示されている。絣を染める体験もできる。

「そこまで地元との関係を重視しているわけですか」

遠藤は一連の取り組みを聞いて、そう唸《うな》った。

「まあ、カイハラの絣は発色がいいと言ってもらえるのも、この地域の水がいいことがあるんです。この地に育ててもらったので、絶対にここから出ていきません」

明治時代の一八九三年に創業してから、備後絣の技術を進化させてきた。原糸から品質を吟味し、前処理で不純物を完全に除去する。染める回数を増やして、堅牢《けんろう》性と深い色合いを高めていった。

だが、絣の需要は戦後、徐々に落ちていく。

そこで、海外向けに広幅の絣を開発し、「サロン」と呼ばれるロングスカートのような腰布を中近東に輸出していた。だが一九六七年、イギリスのポンド切り下げによって輸出先の社会情勢が激変し、売上高の三分の二が吹き飛び、サロン一年分の在庫を抱えてしまう。社員を二八五人から一五〇人に半減する事態となり、「カイハラは潰れる」と囁かれた。

この窮地を脱するため、一九七〇年にデニム事業への転換を決意する。そのため、自社でロープ染色機を開発して、アメリカのリーバイスへの納入を目指した。

リーバイスは機能について、厳しい数値基準を求めてくる。それでも、日本企業のように、「もう少し柔らかく」などと、曖昧な指摘をされるよりも、目標がはっきりと定まる。

カイハラの経営陣は、リーバイスの要求を「合理的だ」と思った。数値でデニム生地を一定の品質にすれば、それを受け取ったジーンズメーカーも、縫製《ほうせい》作業をコントロールしやすくなる。それは、デニム産業全体の標準化につながっていく。

カイハラは絣《かすり》で進化させた技術を、デニム生地《きじ》にも生かすことで、一九七三年、リーバイスからの受注に成功する。その後、リーバイスの定番商品にカイハラが採用され、世界的なデニムブランドに躍り出る。

一九九一年には、上流の紡績へと事業を拡大した。原糸の品質を高めて、デニム生産の一貫体制を築くためだ。斜陽産業である紡績への進出は、周囲から「無謀な賭け」と見られた。だが、結果的に紡績から染色、織布、加工という、日本で唯一の「デニム一気通貫工場」を実現し、カイハラは業界トップの地位を不動のものとした。

カイハラによるデニムのベルトが、近く実現する——。

「MUSUBUプロジェクト」の最後のピースが埋まろうとしている。これで、創業から五年にして、一つの到達点が見えてきた。

その象徴なのだろうか。

一一月、Knotは新しい本社ビルに移転する。上場準備で、急増する社員を収容するためでもあった。

吉祥寺から徒歩四分、井ノ頭通り沿いに完成したばかりのガラス張りの賃貸ビルが、新しい拠点となった。地上二階、地下一階建てで、二階の奥に遠藤の社長室がある。

成長を続けるKnotの新オフィスにふさわしい物件に見える。だが、このオフィス移転で、遠藤が抱えていた漠《ばく》とした不安が現実になる。

「なんで、こんなにカネをかけた作りになっているんだ」

内装費の見積もりを見て、遠藤が激昂《げきこう》する。予算は二〇〇〇万円と言っていたはずだ。それが、八〇〇〇万円に膨れ上がっている。

担当者の前に見積もりを叩きつけた。

「誰の承認を取ってやってるんだ」

だが、担当者は創業期から関わってきたベテラン社員で、引き下がらない。

「だって、社長がつかまらないじゃないですか」

そう反論されて、遠藤も頭に血が上った。

——確かに、こいつに店舗の内装を任せてきた。だけど、本社ビルは話が違うだろう。

しかも、予算を大幅にオーバーしているじゃないか。

「とにかく、予算の四倍はありえない。削れるだけ削ってくれ」

そう告げると、担当者は見積もりを摑《つか》んで席に戻って行った。

新しい本社ビルは、もともと店舗用に建築された賃貸物件だ。だから、ショーケースのようにガラス張りの設計になっている。その内装まで、店舗のように壁を厚くして、トイレを複数設置している。オフィスとして使うならば、スペックはもっと下げることができたはずだ。

なぜ、予算を大幅に超えるのに、報告してこないのか――。

ちょうどその頃、京都出店の候補地が上がってきた。そこは、遠藤が考えていた古都・京都を発信できるような場所ではなく、商業エリアのど真ん中だった。そもそも、大阪に店舗があるため、京都店の収益はそれほど期待できない。それでも出店を検討していたのは、外国人への発信という狙いがあったからだ。そのためにも、「京都らしさ」が伝えられるエリアでなければならない。

「これじゃあ、京都店を出す意味がないじゃないか」

白紙撤回させて、もう一度、立地について調査し直すように指示した。

何かが変わってきている。自分が会社を動かしている感覚が、少しずつ失《う》せていく。会社が大きくなるということは、こういうことなのか。

「Ｋｎｏｔの商標権は約二億円になります」

税理士からそんな試算が示され、遠藤は顔をしかめた。

――この金額と引き換えに、ブランドの権利を手放せということか。

上場準備が進む中で、様々な社内規定が設けられ、組織が固められていく。その中で、商標権の問題が浮上してきた。

「上場するにあたって、Ｋｎｏｔの商標を遠藤さん個人が持っている状況では、将来のリスクと見なされるので、会社に権利を移してもらいます」

事務手続きのようにそう告げられて、遠藤は朧《おぼろ》げな不安を感じた。

——自分が一から作ってきたブランドを、なぜ、手放さなければならないんだ。

遠藤の脳裏をよぎったのは、スカーゲンの販売権を失った時の衝撃だった。それまで、日本ではデンマークの時計はほとんど認知されていなかったが、遠藤がストーリーや売り方を工夫しながら、市場に浸透させていった。そうして築いていったブランド価値や直営店などの販売網が、資本の論理で、すべて取り上げられてしまった。

遠藤の元には、何も残らなかった。

あの時、ブランドの重みを思い知らされた。ビジネスにおいて、命の次に大切なものが商標権——そう心に刻んだ。

同時に学んだことは、結局、他人のブランドの上でいくら商売をうまく展開しても、成功するほど、途中で成果を奪われるということだった。

だから、Ｋｎｏｔを自分の手で作り、育ててきた。

しかし、ここでブランドを会社に渡してしまえば、また同じことを繰り返すのではないか。

社内は、上場に向けて、浮かれたムードが漂う。そう、彼らには失うものは何もない。Ｋｎｏｔが自分から引き剝《は》がされていく。その痛みを、遠藤だけが感じ、悶《もだ》えているように感じた。

孤独だった。

一人、喧騒から取り残されて、社長室という隔絶された空間に佇《たたず》んでいる。


上場準備が始まったことで、遠藤は、「Ｋｎｏｔの未来」が大きく変わっていく不安を感じ始めていた。

八五％の株式を持つ「遠藤の会社」から、上場後は、多くの株主による「社会の公器」となる。誰でも、カネがあれば株を買うことができる。そして、株主の権利を行使することも。たとえ創業者であっても、経営トップの座から追い出すこともできる。

それは、かつて、大株主から断行された「社長解任劇」を思い起こさせる。

すでに、「組織としての経営」が動き出している。遠藤の経営権は少しずつ分解され、ほかの経営陣や幹部に移行されつつある。

上場に向けて取締役を三人にした。このことで、遠藤が考えている方針も、残り二人の反対にあえば実行できなくなった。それどころか、逆の結論に達することもある。そんな時は、株主総会を開けば、株の大半を持っている今なら、遠藤が結論をひっくり返すこともできる。

しかし、そんな手間のかかるプロセスを続けて、Ｋｎｏｔらしさは保てるのか。

そして何より、上場してしまえば、「株主」という最後の切り札までもが手からすり抜けていく。


「沼尾さん、ちょっと話があるんですが」

年明け、遠藤はそう言って社長室で沼尾と二人になった。

沼尾は、「あのことか」と予想していた。

「年末年始にいろいろと考えてきたんですけど、やっぱり上場はやめようと思います」

遠藤がそう言ってくることは、ある程度覚悟していた。一旦、言い出したら周囲が止めることは難しい。何を言っても、遠藤の結論は変わらないだろう。

「それは、社長が決めることだから、その結論でいいんじゃないか」

沼尾は努めて冷静に答えた。だが、上場への準備は動き出している。どう現場に伝えるのか、頭を巡らせた。

「遠藤さ、ちょっと時間をくれないか。このことは、社内に根回しした方がいいと思うんだ」

「分かりました。お願いします」

上場に向けて、沼尾が引っ張ってきた人材もいる。そこは、うまく本人に伝えないと、動揺が走りかねない。

「証券会社や会計事務所には、私が直接、説明に行ってきます。経営トップとしてどう判断したのか、そこを聞かないと向こうも納得できないでしょうから」

「そうだな。そこは遠藤に任せるよ」

そういうと、沼尾は改めて遠藤を見つめ直した。

「やっぱり、自分の会社という感覚がなくなってきたのか？」

遠藤は小さく頷《うなず》いた。

「商標権や株を手放すって、いつか来た道に戻ってしまうような気がするんです」

沼尾は近くで見てきただけに、それだけ聞けば、遠藤が何を考え、恐れているのか手にとるように分かる。

しばらく沈黙が続く。おもむろに沼尾が立ち上がる。

「分かった。じゃあ、そういう段取りで」

軽く遠藤の肩を叩くと、社長室を後にした。

一人、静まりかえった部屋で、遠藤は頰杖《ほおづえ》をついたまま動けない。

――これからも、自分が思い描いたストーリーを、一つずつ現実にしていくしかない。

ガラスの本社ビルに日が落ちても、奥にある一室だけはいつまでもライトが灯《とも》り続けた。

三月下旬、カイハラのデニムの時計ベルトが全国のＫｎｏｔの店に並んだ。創業して間もない頃、遠藤が「ＭＵＳＵＢＵプロジェクト」として、理想とする日本製ベルトのラインアップを書き連ねていったが、その「ジャパンコレクション」が完結したことになる。遠藤が思い続けた、日本の伝統工芸をつなぎあわせる取り組みが、一つの節目を迎えた。

それを成し遂げることができたのは、吉祥寺から始まった地道な人々のつながりの結果だった。みずほ銀行の森園が、地元の新たな起業家として遠藤に何度もアプローチを繰り返してつながりを持つと、その先に同じ「女性の星」として吉祥寺にやって来たユニクロの赤井田と、姉妹のような信頼関係を築いていった。そして、遠藤を紹介する。それぞれが意気投合していく中で、いつしかデニムの最高峰、カイハラの時計ベルトという「遠藤の夢」を実現させた。それは、ユニクロの「吉祥寺に融和する」という目標に近づいた証《あかし》でもあった。その仲介役となった森園は、吉祥寺支店長のまま、みずほ銀行で「唯一の女性執行役員」に昇進した。

その三人は、数カ月に一回、吉祥寺で飲み会を開く。何か議題があるわけではない。ただ、三人で集まって、たわいもない会話を続ける中から、それぞれの共通点を見つけ、助言したり励ましたり、そして時には慰《なぐさ》め合いながら、より強い絆へと編み上げていく。

四月、カイハラのデニムが発売された直後のこと、赤井田が遠藤に連絡してくる。

「どうやら、ユニクロ吉祥寺店を離れることになりそうです」

メールを読んで、残念だとは思ったが、大企業に勤務する以上、いつかはこうした日がやってくる。

「それでは、森園さんと歓送会をやりましょう」

三人はこれまで、吉祥寺の名店を巡るかのように、飲み会の店を決めてきた。老舗割烹の黒ねこに始まり、アンジール、金の猿、葡萄屋……。

職場はみな、徒歩三分程度の距離の中にある。この日、店に集まると、森園がこう切り出した。

「赤井田ちゃん、おめでとう。今度はどちらにご栄転？」

「姉さん、栄転はやめてくださいよ。まだ、何をやるか分からないんですから」

遠藤はビールを飲みながら、二人のやりとりを眺めている。本当に、まだ決まっていないようだ。だが、吉祥寺店での実績を見る限り、評価は高いはずだ。

「でも、次は支店長じゃあないんでしょう」

「遠藤社長、鋭い。さすがに次は支店じゃないみたい。たぶん、本社のどこかだと思う」

「ご栄転じゃないですか」

遠藤がそう茶化すと、テーブルに笑いが起こった。

四月下旬。ゴールデンウィーク直前に、赤井田の元に人事担当役員から電話がかかってくる。

「赤井田さん、六月からユニクロの日本事業のCEOをやってもらいますので、よろしくお願いします」

「えっ」

本社のどこかに戻るとは聞いていたが、まさかCEOとは……。

国内八一七店舗、売上高八七二九億円という巨大事業のトップの座に、吉祥寺店店長から抜擢される。四〇歳の赤井田が、五万人の従業員を率いることになる。

電話を切ってから、しばらく放心状態になった。

――大役だなあ。でも、まあいつもうちの人事はこの調子だし、やってみるしかない。ダメだったらダメで、仕方がないか。

三人は、今でも吉祥寺に集まっている。この場でつながった人々が、再び会って、新たな構想を話し合う。

ケンテックスの直樹は、香港から帰国すると、決まって遠藤を訪ねて吉祥寺駅に降り立つ。そして、二人は駅北口の地下に広がるバー、エスカーレの階段を降りていく。照明が落とされた隠れ家的な空間には、グランドピアノが置かれている。

この一帯は「近鉄裏」と呼ばれている。かつて近鉄百貨店だった建物の裏側に広がるエリアで、老舗店や風俗店が軒《のき》を並べていた。だが、今では高級マンションや図書館、洒落たカフェや雑貨店が進出して、今昔が入り混じる地区となっている。

カウンターに隣り合わせに座ると、遠藤はスコッチのグラスを傾ける。

「直樹さ、なんか面白いアイデアない？」

いきなり質問を振ってくるのは、いつものことだ。しばらくグラスを見つめながら思考を巡らす。

「〝妻割〟ってどうですかね。夫が時計を買ったら、妻の分は割引価格で売る」

「なんで女性の方を割り引くの？」

「だって、男性は時計を買う時に、罪悪感があるじゃないですか。だから、妻の分も買うってことにして、罪滅ぼしができると買いやすいんじゃないですかね」

遠藤はスコッチのグラスをゆっくり揺らしながら、氷を溶け込ませる。

「なるほどね」

直樹はもう一つアイデアを思いついた。

「〝女性の腕を美しく見せる時計〟ってどうですかね」

それを聞くと、遠藤は直樹の方を振り返って、目を細めた。

「今日は直樹、冴《さ》えてるな」

直樹は「どうも」と小さく頭を下げた。いつもは生産の遅れで、電話口で叱責されることが多いだけに、少し挽回した気分になる。

——それにしても、この人は、相手のポテンシャルを引き出すのがうまいな。脅し透かしで、いつの間にか、自分でも想像していなかった力を発揮させられる。そのお陰で、香港に行く決断も下せたし、会社を一気に変革することもできた。

かつて、ニューヨークで「世界のビジネス」へと背中を押してくれたタカも、帰国すると吉祥寺にやってくる。

「Ｋｎｏｔのニューヨーク店を出したい」

そう言って、実現のため、マンハッタンを中心に物件候補を探している。

かつて、遠藤はタカから刺激を受けて、世界中の逸品を探し歩き、日本に紹介していった。

だが今、遠藤のベクトルは逆転した。吉祥寺を拠点に、日本の地方に眠る伝統工芸をつなぎあわせて、世界に発信する。

遠藤とタカは、その終着駅を目指す。

すべてがスタートしたニューヨークに、Ｋｎｏｔを出店して凱旋する——。

エピローグ　吉祥寺　現在～未来

それにしても、これまでのビジネスは、挫折の連続だった。

多くの人は、「結果的に良かった」と言う。海外ブランドを失い、そして社長を解任されたから、今のＫｎｏｔがある、と。

だが、素直に「それで良かった」とは思わない。今が幸せかと問われても、決して首を縦に振れない。

あのまま、解任されずに社長をやっていたら良かったのではないかと考えてしまう。「なぜ、そう思うのか」と言われるが、それは自分にしか分からない感覚なのだろう。失うものが大きすぎた、とでも言おうか。

だが、こうも思う。もし仮に「社長解任」が回避できたとして、そのまま「雇われ社長」を続けていくことはできただろうか。株の大半を譲り受けるには、まだかなりの時間がかかったはずだ。その間に、どこかでオーナーと対立して、出ていくことになっていた可能性は高い。

結局、思い通りに会社が動かないことが許せないのだ。Ｋｎｏｔを創業した頃、オーナー経営者として、自ら先頭に立ってすべての事業を取り仕切った。思うように動かない周囲の人間に苛立《いらだ》ち、その結果、多くの社員が退社してしまった。学生時代からの友人も会社を去っていった。そして、妻までも……。

だが、パートナーという考え方を取り入れ、「発注先」と「下請け」という縦のピラミッド関係を、「立場がイーブンの協力者」と位置付けてから、何かが変わり始めた。ビジネスが吉祥寺を中心に、緩やかにつながり始め、パートナー同士が新しいビジネスの可能性を模索するようになった。そして、今では社員の離職がほとんどなくなっている。

前年、住居も吉祥寺のマンションに移した。八王子から犬二匹も引き取って、一緒に暮らしている。

休日、井の頭公園を散歩する。そこにも、新たなパートナーが加わった。福岡から、さやかが吉祥寺のマンションに、やはり犬二匹を連れてやってきた。

福岡天神店のオープンの直後、東京に戻る途中から、さやかにメールを送り続けた。電話をかけると、互いの仕事や個人的な悩みで、短くても数時間、長い時には七時間も話し続けることがあった。近くに、こうして仕事の不安や苛立ちを受け止めてくれる人がほしい。三カ月後、さやかの誕生日、遠藤はこう伝えた。

「Ｋｎｏｔの社長夫人になってくれないか」

井の頭公園を、さやかと二人で、犬四匹を連れて半周する。井ノ頭通りから公園に入って、池を反時計回りに歩いていく。途中、弁財天があり、七井橋を渡って井ノ頭通りへと戻って来る。

歩き疲れると、遠藤が気に入っている池のほとりのベンチに座る。互いが連れてきた四匹の犬は、今ではすっかり馴染んでじゃれ合っている。用意してきたコーヒーポットを取り出し、束《つか》の間《ま》の休憩をとる。休日、家族連れやアベックで公園は人が溢《あふ》れているが、このベンチは池に突き出していて、人波から隔離されている。

目の前に広がる井の頭池の水面《みなも》が、日を反射して輝きながら揺れる。

コーヒーをすすりながら一段落つくと、遠藤はいつものように、仕事の事が頭をかすめてくる。口から出てくるのは、悩みや愚痴が多い。それを、さやかはいつものように、受け入れるとも受け流すともつかない反応で聞いている。

——この人は、怒りや不安を原動力にする人だな。

いつからか、さやかはそう気づいていた。それは、寂しさの裏返しでもある、と。常に、人が周りにいて、関係性を確認していなければ、不安で仕方がない。

だからこそ、Ｋｎｏｔが成功したのだと思う。日常のさりげないやりとりによって、彼らはつながりを確かめあっている——。互いにはいくら愚痴を言い合っても、心の奥底では通じている。福岡から吉祥寺に来て、周囲に集う人々を見ているうちに、つくづくそう感じるようになった。

遠藤の愚痴は、いつしか社長を解任された話まで遡《さかのぼ》る。もう何十回、聞いたことか。話が一段落すると、さやかはこう呟く。

「でも、それも良かったんじゃない」

遠藤は前を見つめたまま、眉を顰《ひそ》める。

「それは結果論でしかないな」

——あれ。彼はこれまで、社長を解任されなかった方が良かったと言っていたのに。何かが彼の心の中で変わってきたのかもしれない。社長解任を肯定はできないけど、今の結果はまんざらでもない——そんなところだろうか。

でも、それでいいのかもしれない。すべてを受け入れてしまったら、逆境をバネにする遠藤弘満ではなくなってしまうから。

いつしか日が傾き、二人の影が水際まで延びていく。その上で犬が戯れる。井の頭池の水面が赤く染まり始めて、やがて武蔵野の大地に静かな夜がやってくる。

あとがき

なぜ、吉祥寺という小さな地域を舞台にした書籍をまとめたのか。

私の前著『失敗の研究』を読まれた方は、そう思うかも知れない。前作は巨大企業の事件や不祥事を追いかけるルポルタージュであり、その失敗事例はビッグスリーなど海外企業にも及んでいる。拡大ばかりを目指す巨大組織は、二〇世紀の世界経済を席巻したものの、今では時代との齟齬《そご》を来《きた》している。

人口減少と環境問題という地球規模の潮流が押し寄せる中、大企業は恐竜の如く時代の狭間に落ちていく――。そう確信して、取材・執筆したものだった。

だが、そこで疑問が残るはずだ。もし巨大企業の時代が終わったとしたら、次にどのような社会が誕生するのか、と。

その一つの解答を物語として描いたのが本作である。

結論から言うと、小さな繋《つな》がりや、信頼関係の連鎖を経済基盤とする社会が生まれようとしているのではないか。これまでのように、資本の論理で、巨大企業が「下請け」をピラミッド状に積み上げて経済を回し、巨額の富をかき集める時代は終わった。プロジェクトごとに、信頼できる仲間が集まり、フラットな関係性の中で「得意技」を出し合って相乗効果を生んでいく。ＩＴ技術の発展・普及によって、すでにそのインフラは整っている。

吉祥寺に集まる人々は、まさに、そんな新しい時代の息吹を感じさせてくれた。

つまり、『失敗の研究』と『つなぐ時計』はコインの裏表の関係にある。

もう一つ、この物語を綴った理由に、私自身の強い思い入れがある。

吉祥寺のはずれに生まれ育ち、小学校高学年から毎日のように東急裏に自転車をとめて遊びまわっていた。学生時代まで、空いた時間はほぼこの街で過ごしてきた。だが、記者生活に入ると、吉祥寺は「通り過ぎるだけ」の存在になった。大企業を追い続けるうちに、吉祥寺は視界から外れていく。本作の主人公が辿った軌跡は、まさに自らが来た道と重なっている。

それが、再び地域に目を向けるようになった転機は、米国駐在時のリーマンショックを追った取材がきっかけだった。ビッグスリーが破綻していく様を追いかけた経験が、その後、日本を見る視点を大きく変えることになった。二〇世紀、世界一の大企業にまで上り詰めたゼネラルモーターズが破綻したことは、「大企業の終焉」を象徴する出来事だった。

二〇一〇年、リーマンショックの取材を終えて帰国する。そして地方を回っていると、そこに未来社会を拓く萌芽があることに気付いた。欧米社会には見られない、人の信頼関係に根付いた営み、とでも言おうか。日本の片隅には強い人間的繋がりが残っていて、そこを中心に小さな「信頼の生態系」が息づいている。だが、日本の大手マスコミは、そうした「小さな物語」を報じようとしない。

私が昨年、独立して個人サイトを立ち上げ、「小さな物語」を伝えようとしたのも、そこに原点がある。『失敗の研究』から続く問題意識の解を探す旅でもある。もちろん、完全な正解はない。だが、その断片に触れることはできる。それを発信し続ければ、読み手にとって、何か新しい動きを始める触媒になるかもしれない。

その「小さな物語」の書籍版が『つなぐ時計』である。

生まれ育った街に、まさか時計メーカーが生まれていようとは思ってもいなかった。気付かせてくれたのは旧知の経営者だった。彼はＩＷＣなど海外の高級ブランド時計を着けていたが、あの日、日本製の時計をはめていた。「これ、すごくいいんだ」と言って自慢げに袖《そで》をまくり上げた。「若い店員が熱く説明するから、つい買ってしまった」。その時計がＫｎｏｔだった。私はその夜、ネットで検索して吉祥寺のブランドだと知り、少なからぬ衝撃と興奮を覚えた。

武蔵野にはメーカーと呼べるような企業がほとんどない。それは、この地が「辺境」であったことと無関係ではない。

かつて、「五日市憲法」を草案し、地方自治権を国権より上位にするなど、「反中央」の反骨心が強い地域だった。その地を、〝中央〟は「軍都」として利用する。中島飛行機が軍用機エンジンの一大生産拠点を築き、周囲に関連工場が立ち並んだ。戦中、私の祖父は歩いて数分の中島飛行機に徴用され、米軍の集中爆撃の中、家族の手を引いて逃げ惑った。戦後、米軍基地が広がる中、砂川闘争を繰り広げて滑走路拡張計画を撤回させる。武蔵野は戦後を引きずったまま、高度成長時代を駆け抜けていた。幼い頃の記憶に残っている遊び場は防空壕だった。街には米軍駐留の跡が色濃く遺《のこ》り、思い出す原風景はコンクリートの灰色に染まっている。

今、沖縄に行くと感じる郷愁は、同じ「辺境」の匂いなのかもしれない。

〝中央〟への反骨と、人への寛容が同居している。

米軍には反対運動を展開しても、米国人とは打ち解け、受け入れていく――。武蔵野の地が戦後、高度成長を支える住宅地として整備されていった背景には、武蔵野の「包含」という土壌があると感じている。それは、日本の各地に通じる特質ではないだろうか。理にかなわないものは明確に拒否するが、人に対しては柔らかな関係性の中で包み込んでいく。

Ｋｎｏｔと遠藤弘満が、地方に散らばる伝統工芸を結び合わせて一つの「日本」を作り上げていることは、この国の各地に潜む「包含」の力を、世界に示しているのだと思う。それが、分断が続く世界を救うヒントになると信じている。

これからも、日本の各地を歩きながら、時間と空間を結びつける人々の物語を綴り続けようと思う。

金田　信一郎

本書は書き下ろしです。肩書は取材時のものを使用、本文の一部に仮名表記があります。カバー・本文の写真はＫｎｏｔ提供。

金田信一郎

Shin-ichiro Kaneda

1967年東京都生まれ。日経ビジネス記者、ニューヨーク特派員、日本経済新聞編集委員などを経て2019年に独立、「Voice of Souls」創刊。著書に『失敗の研究 巨大組織が崩れるとき』(日本経済新聞出版社)、『テレビはなぜ、つまらなくなったのか』(日経BP社)、『真説バブル』(日経BP社、共著)がある。

つなぐ時計《とけい》

吉祥寺《きちじょうじ》に生《う》まれたメーカーKnotの軌跡《きせき》

著　者　金田信一郎《かねだしんいちろう》

発　行　2020.7.15

発行者　佐藤隆信

発行所　株式会社新潮社

〒162-8711 東京都新宿区矢来町71

電話　編集部　03-3266-5611

読者係　03-3266-5111

https://www.shinchosha.co.jp

印刷所　株式会社光邦

製本所　加藤製本株式会社

乱丁・落丁本は、ご面倒ですが小社読者係宛お送り下さい。
送料小社負担にてお取替えいたします。価格はカバーに表示してあります。

ISBN978-4-10-353371-9 C0030